fe.r.ma.ta

초판 1쇄 찍음 2013년 7월 1일
초판 1쇄 펴냄 2013년 7월 10일

지은이 박형준
펴낸이 유정식
책임편집 박미정
북디자인 이주연 (hunepaper@gmail.com)

펴낸곳 나무자전거
출판등록 2009년 8월 4일 제 25100-2009-000024호
주소 서울 노원구 상계3·4동 60-1번지 성림 101-406호
전화 02-6326-8574
팩스 02-6499-2499
전자우편 namucycle@gmail.com

ⓒ 박형준 2013
ISBN 978-89-98417-02-4   (13980)
정가 14,800원

fe.r.ma.ta
페르마타

박형준 지음

나무자전거

contents

⌒ 기호 표시는 음반에 실린 곡을 나타냅니다.

prelude 여행의 시작

전주곡 : 도입적인 기능을 가지고 있는 기악곡

여행을 결정하던 순간부터 두근두근하던 마음
가보지 못한 곳에 대한 막연한 떨림.

여행을 하며 들을 음악을 정리하고
미리 가게 될 나라의 인사말을 연습하며
지도를 보면서 혼자 걷게 될 거리를 상상하는 것,
이런 작은 것들이 나를 행복하게, 그리고 설레게 한다.

소풍 전날의 설렘처럼

어렸을 땐 언제나 그랬다.
소풍 전날의 설레던 밤

어쩌면 소풍 자체보다도
전날에만 느낄 수 있는 그 설렘이 좋았는지도 모르겠다.
막상 여행을 다녀와 보니
여행 전의 그 설렘이 그리워진다.

설렘이 없는 삶
설렘이 없는 남녀관계
그것처럼 건조한 게 또 있을까.

나이가 들어도, 시간이 지나도
그 설렘만은 잃어버리고 싶지 않다.

어릴 적 소풍 전날의 설렘을 가지고
평생을 살아갈 수 있다면 얼마나 좋을까?

poco a poco **London**
조금씩, 조금씩

OF LONDON

이번 여행의 첫 도시
조금씩, 조금씩 이 도시를 느끼고 싶어

Don't Look Back in Anger

개인에게 한 나라를 '상징'하는 것들은 저마다 다를 것이다.
그 '상징'이라는 것은
각자의 기억 속에 인상 깊게 자리 잡은 무언가일 텐데,
예를 들면 감명 깊게 본 영화 속에서
주인공이 재회하던 장소가 될 수도 있고,
미술관에서 보았던 아름다운 그림이 될 수도 있다.

England
영국.

누군가에게는 프리미어 리그 EPL의 나라일 테고,
또 누군가에게는 뮤지컬, 혹은 PUB을 떠올릴 수도.

하지만 내가 '영국'이라는 두 글자를 떠올릴 때
제일 처음 생각나는 단어는 바로 'OASIS'였다.
그리고 바로 이 노래.

> **Don't Look Back in Anger**
>
> So Sally can wait She knows it's too late as we're walking on by
> My soul slides away But don't look back in anger I heard you say~

지금도 여전히 그 특유의 4beat의 piano intro만 들어도
가슴이 두근거리는 아름다운 곡.
나의 학창시절, 지금처럼 MP3가 없던 때에
항상 갖고 다니던 CDP 속에서 흘러나오던 노래였다.

나에게 '영국'이란
'Don't Look Back in Anger'로 연상되는 곳이었다.

비록 이들을 대표하는 도시인 맨체스터가 아닌^{manchester}
런던으로 가게 되었지만, 뭐 어떠랴.

비행기에서 내려서 oyster card를 구입하고
처음 탄 언더그라운드 안에서
iPod에 들어 있던 "Don't Look Back in Anger"를 재생했다.
언제나 들어오던 익숙한 piano intro지만
다른 어느 때보다도 가슴이 쿵쾅거렸다.

"아…, 여기가 영국이구나!"

OASIS   Noel Gallagher, Liam Gallagher 형제를 주축으로 결성된 영국의 Rock Band.

old street의 아침

눈을 떴다. 런던에서의 첫 아침.

부엌에 내려가니, 자연스레 앞에 있는
전기콘센트에 시선이 머물렀다.
태어나서 처음 보는 모양의 콘센트.

　아, 그렇지 여기는 런던이야.

빨간 우체통이 있던 MAHSO의 집 앞 거리.
매일 이곳을 지나다니던 MAHSO에게는 익숙한 광경이겠지만,
처음 이 길을 걷는 내겐 새로움이었다.

여행이란 새로운 것과의 만남.

　새롭게 만나는 모든 것들을 다 담아두고 싶어.
　하나하나 마음속에 잘 넣어두었다가
　문득 그리워질 때마다 하나씩 꺼내어 볼래.

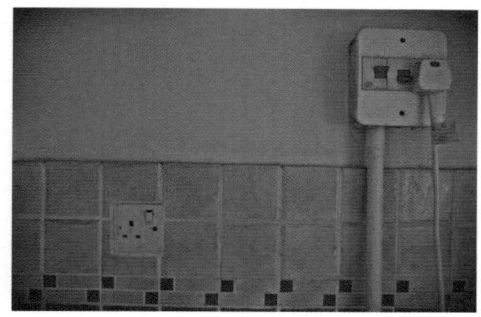

Tatemodern의 연인

런던에서는 여러 곳의 전시를 찾아다녔다.

대영박물관(영국박물관),
내셔널 갤러리,
내셔널 포트레이트 갤러리,
그리고 가장 인상 깊었던 테이트 모던까지.

찬바람이 불던 9월의 템즈 강변.
강줄기를 따라 올라가니
2000년을 맞으며 기념으로 만든
밀레니엄 브릿지가 나왔다.
오른편에는 가운데만 우뚝 솟은 조금은 이상한 모양의
테이트 모던이 자리하고 있었다.

딱 보기에도 일반 전시관과는
조금 다른 느낌에 호기심이 생겼고,
원래 발전소였던 건물을 그대로 사용했다는 사실을
알게 되고 나서는 한층 더 멋지다는 생각이 들었다.
전시관 안의 작품들 또한 시선을 사로잡았다.

고전보다는 현대작품을
더 좋아하는 취향 때문이기도 했지만,
20세기 이후의 현대작품들을 주로 전시한 이곳은
앞서 보았던 다른 박물관의 고전 작품들로
잠시 잔잔해졌던 내 맘을 확! 깨버리는 impact가 있었다.

하지만 테이트 모던에서의 기억을 대표하는 한 장면은
빈티지한 건물도, 안에서 보았던 강렬했던 작품들도 아니었다.
바로, 테이트 모던으로 들어가기 전 입구에서 보았던
한 쌍의 커플이었다.

푸른 잔디를 배경으로 흔들리는 swing chair에 앉아,
같은 이어폰을 나누어 끼고
같은 음악을 들으며
같은 시간을 공유하던 뒷모습이
그 어떤 작품보다도 훌륭하게 느껴졌다.

내가 평소에 그리던, 소박하지만
예쁜 데이트의 모습이었기 때문일까?
난 두 사람을 주인공으로, 아주 로맨틱한 소설이 쓰고 싶어졌다.
두 사람의 실제 상황은 아주 로맨틱한 관계가 아닐 수도 있지만,
유독 이곳에서 이런 상상을 하게 되는 것은
서울에서의 내 삶이 너무 팍팍했기 때문이리라.

행복한 상상으로 여행의 기쁨은 한층 더 커져만 갔다.
똑같은 상황을 바라봐도, 바라보는 눈과 마음에 '여유'가 없다면
아무리 좋은 것을 보아도 아름답다고 느끼지 못할 것이다.

유럽을 여행하면서
가장 생소하게 다가왔던 정서는 '여유'라는 것이었고,
또한 내가 아주 많이 바라고 원했던 것 역시 '여유'라는 걸
여러 곳에서, 많은 사람들을 보며 느낄 수 있었다.

감.각.적

감.각.적
테이트 모던을 관람하는 내내
머리 속을 맴돌던 하나의 단어.

액자 디스플레이 하나마저도
무심한 듯하지만,
시선을 주목하게 만든다.

'감각'이라는 건
수학문제처럼 학습한다거나.
체력처럼 꾸준한 훈련으로 얻을 수 없는 것
누구나 가지고 있는 게 아닌 특별한 것.

그래서 더 동경하게 되고
더 갖고 싶어하는지도 모르겠다.

감각적인 사람이고 싶다.
내가 하는 음악은 말할 것도 없거니와
대화 속의 단어 하나에도,
삶의 여러 모습에서도.

st. james park

있잖아요.
오늘 하루만 여기 누워 있어도 될까요?
딱 오늘 하루만요.

완벽한 그림에 무임승차하는 것 같아서
좀 미안하긴 하지만,
한 명 정도 그림에 들어가는 것도 나쁘진 않겠죠?

그리고
내일은 내가 여기를 떠나야 하거든요.
오늘밖에 시간이 없어요.
그러니까 오늘만 이러고 있을게요.

고마워요
허락해줘서.

up & down

우리네 인생이란
원(圓)과 같다는 생각을 해 본다.

누구나 낮은 곳에서 시작하지만
한 걸음 한 걸음 묵묵히 자신의 길을 가다보면
어느샌가 높은 곳에 올라 영광을 누리게 되는 것.
그리고
시간이 지나면 누구나 다시 내려와야 함을.

올라갈 때가 있으면
내려올 때도 있는 것이
세상의 이치.

시간은 누구에게나 공평하며
또한 정직하다.

언제 정상에 오를까
조급하게 생각하지도 말고,
그 정상의 자리가 영원할 거라는
자만도 말자.

여행에선 게을러질 필요가 있다

대영박물관에 가기 위해 올라 탄 더블 데커.^double decker

조금 한적한 2층으로 올라갔을 때,
맨 앞자리에서 자고 있던 한 여자를 보았다.
대리만족이랄까,
한없이 널브러져 있는 그녀처럼 여행을 해야 겠다고 생각했다.

여행을 시작하고 얼마 되지 않은 초반,
하나라도 놓치지 않으려고 쉼 없이 돌아다녔다.
하지만 여행이 계속 될수록
그런 방식에 오히려 피로를 느끼는 중이었다.

조금은 천천히, 조금은 느리게
여행을 통해서 자기 자신을 새롭게 볼 수 있다면,
조금은 게을러져도 좋다.

부지런히 멋진 작품들을 보러 다니는 것도 의미 있는 일이겠지만,
그것 자체가 여행의 목적이 되기보다는,
이제껏 생각해보지 못한, 지나 온 자신을 만나보는 것도
충분히 의미 있는 일이 아닐까?

혼자 떠난 여행은 이러한 것들이 가능하다.

삶을 바라보는 방식이 치열했다면,
그 치열함에 조금은 게으름을 보태어 자신을 바라보자.

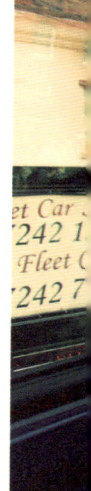

그렇게 일부러라도 바꿔서
앞으로 만나게 될 삶이 바뀔 수 있다면,
나는 조금은 더 게을러지고 싶다.

girl ≠ lady

런던에서의 일정 3일차.

유명한 근위병 교대식을 보러
버킹엄 궁전으로 향했다.
시간에 맞춰 도착한다고 했지만
이미 많은 사람들이
발 디딜 틈도 없이 도로를 점령하고 있었다.
특히 버킹엄 궁전 같은 곳은 세계 각국에서 온,
나와 같은 이방인들로 가득했다.

조금이라도 더 잘 보기 위해
좋은 자리를 차지하려고 애쓰는 모습들.
창살 앞에 딱 달라붙어 있거나,
앞자리는 아예 포기하고
멀리 있는 분수 위에 올라가 있는 사람들,
그리고 아빠 목 위에 올라가 있는 아이들까지.

그 중 한 소녀에게 시선을 빼앗겼다.

검고 깊은 눈을 가진 소녀는,
강렬하고 도발적인 빨간 매니큐어와 반짝이는 반지,
그리고 머릿결을 넘기는 섬세한 손동작까지
완벽한 여인의 모습이었다.

이미 자신이 아름답다는 걸 충분히 알고
즐기는 듯한 모습이랄까?
가끔 TV에서 나오는
애어른 같은 아이들의 징그러움이 아니라
나이를 초월한 '여성' 자체에서의 아름다움이었다.

문득 girl ≠ lady이었던 그 소녀가 생각난다.

Pink

피카디리 서커스를 지나는 길…
일순간 시선을 **빼앗겨버리**고 말았다.

런던에서는 흔하디흔한 펍의 모습이지만
어스름한 거리임에도
모든 것이 선명하게 다가온 건
강렬한 Pink 때문이었을까?

머릿속에 런던의 이미지로 깊이 각인된
그날 저녁의 풍경.

빌리 엘리어트보다 빛나던…

런던 피카디리 서커스나 뉴욕 브로드웨이는
단연 뮤지컬로 유명한 거리다.

사실 한국에서는 영화나 연극에 비해서
뮤지컬을 많이 접하지 못했지만,
그래도 뮤지컬의 본고장이라고 일컬어지는
도시에 오게 되니
꼭 한편쯤은 봐야겠다는 생각이 들었다.

이렇게 무언가 특화된 것이 있는 도시, 거리가 좋다.
거리 전체에서 악기를 팔고 있던
도쿄(東京)의 오차노미즈(御茶ノ水駅),
고서적들을 가판대에 놓고
쭉 진열해 놓았던 파리의 세느강 주변,
이런 것들은 한 나라의 문화 척도를
보여 주는 것만 같다.

피카디리 서커스와 빅토리아 스테이션 역 주변의
많은 극장들 속에서 어떤 뮤지컬을 볼까 고민하는 일은
참 행복한 순간이었다.

어렵게 결정한 뮤지컬은 바로 빌리 엘리어트였다.

한국에선 이미 영화로 감명 깊게 보았던 작품이었다.
공연이 시작되자마자 이내 화려한 무대와 연기,
그리고 노래에 온통 시선을 빼앗겼다.

특히 2막에서 백조의 호수 테마에 맞춰 하늘로 날아가던
빌리의 모습에서는 완전히 넋을 잃고 말았다.

그런데 공연을 보는 내내 궁금했던 것이 한 가지 있었다.
'무대 어디에도 밴드의 모습이 보이지를 않는데,
어디서 이런 full band 구성의 음악들이 나오는 거지?
에이~ 설마 런던인데 MR을 틀고 할까?'
이런 생각이 들기 시작하면서 자세히 무대를 살펴보니,
무대 중앙 아래편에 홀로 객석을 등지고 앉아 있는
한 명의 남자가 보였다. 그 사람은 가끔 위의 공연을 비추는
모니터를 바라보며 piano를 치기도, 혼자 지휘를 하기도 했다.
내 시선은 자연스레 무대에서 춤을 추던 빌리보다
그 남자에게로 향했다.

        아 band master구나. 그런데 어딜 보고 혼자 지휘를 하는 거지?

이 궁금증은 공연이 모두 끝난 후에야 해결되었다.
무대 아래편. 그러니까 지하 1층 위치에 full band들이 모여 있었고,
master만 위의 공연을 보면서 호흡을 유지해가며 piano 연주를,
때로는 밑의 band들을 지휘하는 것이었다.
그는 무대 위의 빌리와 배우들이 더 돋보일 수 있도록
혼자서 많은 역할을 하고 있는 중이었다!

        백조가 우아하게 물 위를 떠다니지만 사실 물 밑에서는
        그와 상반되게 계속 발을 움직이듯이.

무대 위에서 멋진 백조의 호수 테마에 맞춰서 하늘을 날아다니며
스포트라이트를 받던 빌리의 모습과 대조적으로
아래에선 저렇게 이름 없이 빛도 없이
무대를 돋보이게 만드는 사람들이 있었다.

공연이 끝난 후 다음 공연을 준비하며
악보를 정리하던 master에게 다가가
조용히 웃으며 엄지를 들어 보였다.
나에겐 무대 위의 빌리보다도
단연 빛나 보였던 이날 공연의 주인공.

MR(Music Recording) 보컬 트랙을 제외한 반주만 있는 음원을 말한다. 반대로 보컬까지 들어 있는
음원은 **AR**(All Recording)이라고 불린다.

행복한 이방인

처음 걷던 길 처음 보던 사람들
모든 게 낯설기만 했던 그 밤
underground 속 많은 사람 중
나를 아는 사람 없지만
그래도 상관없어 난 행복해

chorus

uh~ I'm a Stranger here
uh~ I'm a Stranger here
uh~ I'm a Stranger here, myself
많은 사람들 속에서 나는 Stranger

verse 2

날 아는 사람도, 내가 아는 사람도
하나 없지만 외롭진 않았어
빨간 doubledecker 2층에서 본
사람들 거리풍경 모두 다
평범하지만 나에겐 새로움이야.

chorus

uh~ I'm a Stranger here
uh~ I'm a Stranger here
uh~ I'm a Stranger here, myself
많은 사람들 속에서 나는 Stranger

오늘부터 이 도시에서 난 Stranger.

intermezzo Bruxelles

간주곡 : 오페라의 막과 막 사이에 연주되는 기악곡

편안한 마음

매일 거니는 길
자주 가는 까페
즐겨 찾는 ○○처럼
'익숙한 것이 주는 편안함'이 있는 반면,

반대로
처음 도착한 외국공항
먹어보지 못한 음식
새로운 ○○처럼
'낯선 것이 주는 긴장감'이 있다.

런던을 떠나 도착하게 된 벨기에의 브뤼셀. belgium bruxells
어느 도시나 며칠 머물게 되면 쉬이 익숙해지는 나를 발견하며,
'사람 사는 곳은 어디나 다 비슷하구나…'라고 생각했지만
반나절도 채 안 되는 시간동안 머문 브뤼셀에서는
그런 익숙함을 느낄 새가 없었다.
게다가 난생 처음 겪는 몇 가지의 일들….

　● eurail pass
　유레일 패스 개시
　프랑스의 낭트로 가는 기차 예매
　코인 락커를 찾아서 가방 맡기기
　중앙 역에서 미디 역으로 이동

이상이 내가 브뤼셀에 도착해서 해야 할 일이었다.
물어물어 Travel Centre를 찾았다.
대충 눈치로 순서종이를 뽑고 줄을 섰는데, 줄을 잘못 섰나 보다.

다시 줄을 서서 유레일 패스를 개시하고
낭트로 가는 기차를 예매하려고 했는데,
이미 매진이 되어서
좌석이 없다는 답변이 돌아왔다.

낭트에는 저녁 9시쯤 도착하는 걸로 되어 있었고,
처형 부부와 예쁜 LUNA&GINA가 나를 기다리고 있을 텐데….
이때부터 살짝 초조해지기 시작했다.
게다가 다음 기차는 네 시간 뒤의 기차.

여행이라면 이런 변수쯤은 충분히 있을 거라고 생각했지만,
처음 와 본 도시에서, 처음 겪는 일들에 무척 당황하고 말았다.

얼마 남지 않은 시간.

브뤼셀 시내를 돌아보기엔
어깨를 누르던 배낭이 너무나 무거웠다.
겨우 코인 락커를 찾아서 가방을 넣고 문을 닫았는데,
어떤 열쇠나 비밀번호도 보이지 않고
바코드가 찍힌 영수증만 달랑 나왔다.
처음 겪는 모든 것들이 낯설었다.

미디 역으로 이동하기 위해 주위를 살폈다.
버스, 트램, 지하철 등의 이동 수단들 중,
무료로 갈 수 있는 기차를 찾으면서,
여기서 또 한참을 헤매고 말았다.

마음이 초조하고 긴장을 하니
주변의 것들이 잘 보이지 않았다.
모든 것은 '편안한 마음'에서부터 시작하는데 말이다.

나는 다른 이들에게 어떤 사람이었을까?
궁금해졌다.

익숙한 듯 편안한 느낌을 주는 사람이었을까?
아니면, 이렇게 낯선 느낌의 사람이었을까?
제일 소중하게, 따뜻하게 대해야 할 사람에게
가깝다는 이유로, 편하다는 이유로 날이 선 듯,
예민하게, 날카롭게 대했던 나.

여행을 떠나고 보니
이제야 '내'가 보인다.

낯섦마저도 익숙함으로 만들 수 있는 '편안한 마음'
그 마음이 늘 내게 있었으면.

유레일 패스　유럽 21개국(그리스·네덜란드·노르웨이·덴마크·독일·루마니아·룩셈부르크·벨기에·스웨덴
·스위스·스페인·슬로베니아·아일랜드·오스트리아·이탈리아·체코·크로아티아·포르투갈·프랑스·핀란드·헝가리)의
국유철도를 자유롭게 이용할 수 있는 기차이용권으로, 플렉시, 세이버, 유스 등의
종류가 있다.

마음을 녹여 준 와플 한 조각

낯섦이 주는 불안한 마음으로
처음 마주하게 된 브뤼셀.
골목골목 예쁜 거리를 걷다보니,
불안한 마음은 온데간데없이 사라졌다.

아름다운 그랑플라스가,
La Grand-Place
앙증맞은 오줌싸개 동상이,
그리고 거리 곳곳에서 팔던 맛있는 와플 냄새가
조금씩 내 맘을 바꾸어 놓았다.

맛있는 냄새에 이끌려 간 "The Waffle Story."
점원은 능숙한 한국말로
"안녕하세요~"라고 인사했다.
한국인 여자 친구가 있었다는
자기소개로 이어지는 우리말 대화는
조금 전까지도 낯섦에 불안했던 마음을
한껏 더 편안하게 만들었다.

어쩌면 내가 처음 브뤼셀에서 느꼈던 낯섦은,
누군가와 같이 있지 못하고
혼자 해결해야 하는 두려움 때문일지도.

아쉽게도 그날 먹었던 와플은
시나몬가루 한 통을 다 부은 듯한 맛에
썩 좋진 않았지만,
그래도 웃으며 나누었던 대화 때문에 조금은
불안했던 마음이 달달해지는 것만 같았다.

street artist 1

브뤼셀 시내를 돌아다니다 한 골목에서 웅크리고 앉아
무언가에 열중하고 있는 아저씨를 발견했다.
아저씨는 다 먹고 버려진 음료 캔들을 모아
재떨이를 만들고 있었다.

버려진다는 건 참 슬픈 일이다.
버려진다는 건 곧 잊혀진다는 것이고,
잊혀진다는 건 죽은 것을 의미한다.

이런 버려진 것들에
새로운 생명을 불어넣는다는 것은
얼마나 멋진 일인가.

내가 좋아하는 리쌍의 'Rush'라는 곡에
이런 rap이 나온다.

한 평짜리 삶에서 백 평짜리 행복을 만들 수 있는 건
마음먹기에 달려 있다는 것

그 좁은 공간은
행복한 아저씨의 미소를
모두 담아낼 수 없을 것만 같았다.

난 내게 주어진 삶에서
한 평도 안 되는 행복을 만들고 있었던 건 아닐까?

헤어지기 싫어요

브뤼셀에서의 짧은 시간.
릴 유럽 역으로 가는 기차를 기다리며
대합실에 앉아 있었다.
기차 출발 시간은 아직 30분이나 남아 있었기에
자연히 시선은 주변사람들에게로 향했다.
그 중 유독 앞에 앉아 있던 한 쌍의 연인은 남달랐다.

　　흐느끼는 여자, 그리고 그녀를 달래주는 남자.

유럽여행을 하다보면
스스럼없는 연인들의 스킨십에 살짝 놀라기도 하지만,
이들의 모습은 여느 커플들의 모습들과는
너무나도 달랐다.

애절함이었다.
너무 애절해서 보는 내가 눈물이 날 정도였다.
진실하게 서로를 바라보는 눈빛.
헤어지기 싫은,
서로를 향한 갈망이 나에게도 전해져 왔다.

저렇게 절실하게 누군가를 사랑해 본 적이 있었던가?

두 번 다시 오지 않을 소중한 사랑
매순간이 마지막인 것처럼 열렬히
그리고 진실하게 사랑해야지.

감정에 솔직해지자.
표현하자.

그리고 얘기하자.
사랑한다고.

impromptu Lille

즉흥곡 : 즉흥적인 악상을 소품형식으로 쓴 악곡

브뤼셀에서 낭트로 가는 일정.
TGV를 갈아타기 위해서 들렀던 도시 릴.
우연이었을까.
기차시간이 붕 떠버리는 바람에
즉흥적으로 돌아보게 되었던 작은 도시 릴에서
말할 수 없는 감정을 느꼈다.

때로는 정해진 틀에서 벗어나는 것도 나쁘진 않아

아무런 사전 지식 없이 도착한 릴.^(lille)

사실 이곳이 프랑스 영토였다는 사실도 몰랐으니
더 무슨 말이 필요하랴.
벨기에 브뤼셀에서 출발,
프랑스 낭트로 가는 기차를 환승하려고 내렸기 때문에
나는 당연히 릴이 벨기에 영토인 줄 알았다.
그런데 기차표가 매진되는 바람에
생각지 못한 네 시간이 릴에서 주어졌다.

나이를 먹을수록 계획했던 일들이 어그러질 때면
시속 200킬로의 스트레스가 몰려온다.
이 날도 기차표를 놓치면서
계획한 일들이 차례대로 엉키자
격한 스트레스에 뒷목이 뻣뻣해져 왔다.
그런데 뜻밖의 네 시간을
아무 계획 없이 발길 닿는 대로,
보이는 대로 자유롭게 걷다 보니
내가 계획했던 것들보다
더 많은 것을 보고 느낄 수가 있었다.

그렇게 보게 된 거리들
성당의 신부
누군가를 기다리던 사람
광장 한 모퉁이에서의 쉼,
그리고 어디에선가 들려오던 멜로디….

그렇다.
진짜 여행은 이런 거다.

잘 짜여진 계획표에서
벗어났을 때 만나게 되는
'의외성'이 주는 기쁨.
흔한 여행 가이드 책에도
나오지 않는
작은 도시였지만
이 작은 도시에 머물렀던
네 시간이 선물한 것들은
너무 많다.

나는 무엇을 생각했을까?

성당 안의 쉼표, 고요, 공기, 그리고 나

혼자 있는 시간

그랬다. 나는 너무 지쳐 있었다.
하루에도 몇 십 통 씩 울려대는 전화에,
시간에 쫓기며 정신없이 돌아가는 cycle에,
사람들과의 복잡한 관계 속에,
잠시 쉴 곳이 필요했다.

우연히 들르게 된 릴.

이곳에서 나는
특별하게 가야 할 목적지도
만날 사람도
해야 할 일도 없었다.

광장을 걷다가 발견한 • place de l'opera 플라스 드 로페라.

그곳에 가만히 앉아서 지나가는 연인을 바라보았다.
그들의 이야기가 잘 들리지는 않았지만,
그들의 눈빛을 보고 있자니
무슨 이야기를 하는지 알 것만 같았다.
눈을 감고 주변의 소리에 귀 기울였다.
까페 테라스에서 나오는 나즈막한 jazz 선율,
아이들의 웃음소리 그리고 느린 바람까지.

결코 외롭지 않았던 나 혼자만의 시간.

플라스 드 로페라 프랑스 릴 지방에 위치. 1907년부터 7년간에 걸쳐 완공되었지만, 세계 제1차대전이 일어나는 바람에 마무리하지 못하고 완공된 오페라 극장.

내 마음에 들어오지 마세요

나 당신을 너무 좋아해요.
그런데
당신을 좋아하는 만큼
상처받을 내 자신이
너무 두려워요.

날 아프게 할 거라면
이제부터
내 마음에 들어오지 마세요.

마음이라는 것이
이렇게 해서라도
막을 수 있는 거라면
얼마나 좋을까.

그렇게 할 수 있는 거였다면
지금처럼 이렇게
아프지도 않겠지.

off

조그만 화면 속에 시선을 고정하지 말고
핸드폰의 전원을 끄면
보다 넓은 세상이 보일 거야.

쓸데없는 가십거리에 시간을 뺏기지 말고
인터넷의 창을 닫으면
남의 얘기가 아닌, 너만의 이야기가 생길 거야.

때로는 너무 많은 이야기들이
정보가 아닌 공해로 다가온다고 느껴질 때면.
과감하게 전원을 뽑고
네 자신에게 집중해봐.

그제야 비로소 자유로워질테니까.

사라진 시간 속의 우리

place de l'opera
플라스 드 로페라 계단에서
눈을 감고 혼자 있자니 어디선가 멜로디가 들려왔다.

기타나 건반도 없었지만,
내 눈앞에 보이는 모든 사물,
들리는 소리들,
느껴지는 공기까지도 하나하나 음으로 다가왔다.

가만히 오선노트를 꺼내서 들려오는
멜로디와 코드를 적어내려 갔다.

Octobre / Décembre / 2009

OPERA DE LILLE

DARDANUS / RAMEAU

SOPHIE KOCH · LE MÉDECIN MALGRÉ LUI / GOUNOD
CHRISTIAN RIZZO ET ESZTER SALAMON · SASHA WALTZ
MEDEA / DUSAPIN · LE MESSIE / HAENDEL
CONCERTS DU MERCREDI · HAPPY TIMES

 Ville de Lille   Lille Métropole   tél. 0820 48 9000   www.opera-lille.fr

잊고 지냈었지
너의 기억들을
사라져 간 시간들

어디론가 흩어진
우리 함께 했던
그 수많았던 날들이

나도 모를 내 맘 속
깊은 곳에서부터 흘러와

나의 마음 속을 적시네
이 소리 없는 심연(深淵) 속에서
깨지 않기를 바래

minuet **Nantes**

미뉴엣 : 17~18세기 프랑스에서 시작된 3/4 박자의 무곡.
프랑스어의 형용사 menu(작다)에서 나온 것으로 스텝이 작은 춤이라는 뜻

사랑스러운 아이들과 함께 있다 보면
쿵 짝짝~ 쿵 짝짝~
저절로 스텝이 밟아지기도 해

아이처럼(LUNA & GINA)

아이들의 맑은 눈망울에는
커다란 힘이 있는 듯해.
보고만 있어도 이내 마음이 포근해져 오거든.

신나게 뛰어놀 때도
꾸벅꾸벅 졸고 있을 때도
잠에서 막 깨어나 눈을 비비며 다가 올 때도
너희의 맑은 눈망울은
얼마나 큰 위로를 주는지….

그거 아니?
서로 말은 통하지 않았지만
우리, 눈으로 얘기했던 거.

시간이 아주 많이 흘러도
지금의 맑은 눈망울
보여 줄 수 있겠지?

부디,
나도 너희처럼
맑은 눈으로
흐린 세상을 바라보고 싶어.

너희처럼.

boulanger

낭트 시내를 걷다가 맛있는 냄새에 이끌려 들어간 빵집.
가만히 있어도 빵 굽는 냄새로 행복해지던 공간이었다.
안을 들여다보니 맛있는 냄새 사이로
앳된 얼굴의 한 소년이 보였다.

어려 보이지만 표정만은 한껏 진지했던 소년.
나이의 많고 적음, 일의 종류에 상관없이
자신의 일에 열중하는 모습은 늘 아름답다.

억지로 꾸미려 하지 않아도,
포장하지 않아도,
저절로 배어나오는 자신만의 향기.

그게 진짜다.
그런 향기가 없는 사람은
늘 자신의 삶에 만족하지 못하고
불평이 가득하다.

여행 중에 만나는 다양한 사람들은
저마다의 방식으로, 각자의 삶으로
많은 걸 느끼게 했다.

나는 어떤 향기를 가지고 있을까?

어느 특별한 일요일 아침

한적한 일요일 아침.

그다지 특별해 보이지 않는 이 문장이 사실 나에겐
조금 생소한 문장이다.

주말과 공휴일을 보장받지 못하는
불규칙한 내 직업 탓이기도 할 테고,
일요일이면 매주 교회에서 예배 밴드 팀으로 사역하기 때문에
사실 일주일 중 일요일이 가장 일찍 일어나는 날이기 때문.

낭트에서 다시 만나기 한 달 전에 한국에 잠시 왔던 LUNA.
그때 친해졌기 때문일까?
아침 일찍 LUNA가 일어나자마자
자신과 같이 동네 산책을 나가자 했다.

정말 한적하고 여유롭던 동네 흐제. ^{reze}
LUNA와 함께 걷는 동네 한 바퀴가
날 너무나도 큰 행복 속으로 빠져들게 했다.
한적하고 따사로운 흐제
일요일 아침의 여유….

LUNA와 조금 더 가까워진 것만 같은 기분이
그날 일요일 아침을 더욱 특별하게 만들었다.

행복은 거창하게 다가오지 않는다.
늘 주변에서 일어나는 소소한 것들이
우리를 행복하게 만든다는
아주 작은 사실을
다시 한 번 깨닫는 시간이었다.

pornic 해변에서의 낮잠

바닷가에 오게 될 줄은 상상도 못했다.
그것도 프랑스에서의 바다라니.

바다라는 단어는 왠지 자유롭다.
뭍에서의 생활이 답답해질 때면
우리는 바다를 찾지 않는가.

등에 닿는 폭신한 모래 감촉.
9월의 바닷가는 그리 덥지도, 춥지도 않은
포근함으로 나를 맞아주었다.
바다에 들어가지는 않았지만
아쉬움은 없었다.
그냥 바다에 왔다는 사실이 중요했다.

뛰어 노는 사랑스러운 아이들,
끝없이 펼쳐진 수평선,
그리고 그 속의 나.

잠깐의 달콤한 낮잠,
깨고 싶지 않았던
포닉의 바다.

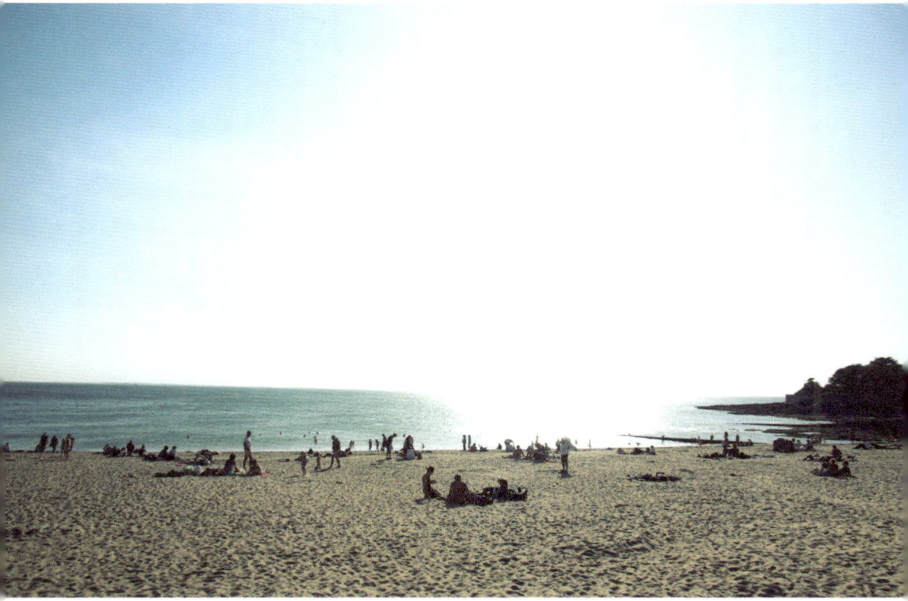

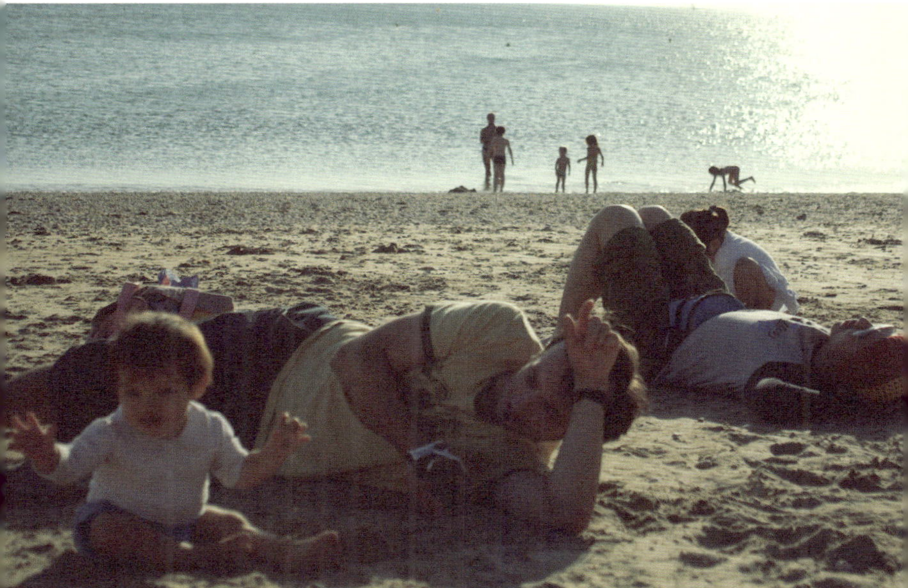

천공의 성(城) Mont St. Michel

Mont St. Michel

바다 위의 성(城) 몽 생 미셸.

심한 조수간만의 차 때문에
낮에는 성, 밤에는 섬으로 변하는 신비한 곳이었다.
직접 보고 있노라면 그 아름다움과 경이로움에
한참 동안 멍하니 있게 된다.

바위산 꼭대기에 성을 지으라는
천사의 목소리를 듣고 만들어졌단다.
자연스레 이 노래가 생각났다.

In the arms of the angel.
fly away from here from this dark, cold hotel room.
and the endlessness that you fear,
you can pulled from the wreckage of your fear
or your slinet reverie.
you're in the arms of the angel.

천사의 품에 안겨 있으면
날아오르는 느낌이에요.
여기 이 곳 어둡고 찬 호텔방으로부터
또한 그대가 느끼는 막막함으로부터
당신은 소리 없는 몽상으로의 무서움으로부터 건져져
천사의 품에 안긴 거예요.

_Sarah McLachlan - Angel

지금도 1년에 350만 명 이상이 다녀간다는 곳.
현실에 지치고 세상의 온갖 두려움으로부터
보호받고 싶은 사람들이 저녁이 되면 섬으로 변하는
몽 생 미셸 안으로 모여 치유 받으려고,
천사의 품에 안겨 하늘로 날아가고 싶어
이곳을 찾는 건 아닐까?

몽 생 미셸 프랑스 바스 노르망디 지방 망슈 주에 있는 수도원, 유네스코
세계문화유산으로 지정되어 있으며, 미야자키 하야오 감독의 천공의 성 라퓨타의
모티브가 된 곳으로도 유명하다.

아버지

아버지가 그리워지는 저녁이다.

Au revoir

근데요, 저 학교에 다녀요!

사랑스런 LUNA가 École Maternelle et Primaire Notre Dame에
다니게 되면서 만나는 사람마다 하는 인사말이란다.

학교 가는 게 얼마나 좋았으면
만나는 사람들마다 거두절미하고 저런 인사를 했을까.
어렸을 적의 나도 집이 세상의 전부인 줄 알았다가
새로운 친구를 만나고, 선생님을 만나는 일들에 설레어
밤잠을 설쳤던 기억이 떠올랐다.

파리로 떠나는 날 낭트에서의 마지막 아침,
루나의 등굣길에 동행했다.

3~5세의 어린아이들이 다니는
유치원 개념의 학교여서인지
아이들마다 엄마, 아빠, 혹은 할머니,
할아버지들의 손을 잡고
학교 문 앞에 모여 있는 모습이 참 인상적이었다.
나도 몇 년 후면 저렇게 되겠지?
미래의 내 모습을 그려보면서 행복한 상상.

며칠 동안 즐겁게 지냈는데
이제 이별해야 하는 걸 아는지,
LUNA의 표정도 이전처럼 밝지가 않았다.
보고 싶을 거야 LUNA, GINA야….
우리 나중에 또 웃으면서 만나자
그때까지 얼굴 잊어버리면 안 돼!

Au Revoir~

Ecole Maternelle et Primaire Notre Dame 프랑스 3~5세 아이들이 다니는
유치원과 초등학교

Travel List

여행에서 하고 싶었던 나의 Travel List.

기차타고 창밖 바라보기
여행하면서 곡 쓰기
시끌벅적한 Pub에서 축구 중계 보기
인터라켄에서 레포츠 한 가지는 꼭!
Concert 관람
한국의 지인들에게 엽서 쓰기
공원에 눕기
나에게 선물하기

나도 유럽으로 여행을 떠났던 친구들로부터
엽서를 받아본 적이 있었는데,
여행지의 생생한 느낌이라든가
여행자의 설레는 감정을 느낄 수 있어서
참 좋았더랬다.

낭트에서 파리로 이동하던 TGV 안.
몽 생 미셸에서 미리 사두었던 엽서에
한자 한자 써내려가는 나의 모습은,
이미 오래 전부터 마음에서 그려보던 장면.

이 엽서가 잘 전해질까?라는 생각부터,
소식을 전해 듣고 반가워할 얼굴들을 떠올리는 것도
여행 속의 소소한 기쁨이다.

같이 걸을래요?

낭트의 파란 하늘
사랑스럽던 LUNA와 GINA의 미소
행복했던 삼 일간의 기억.

그런 행복한 느낌 때문이었을까?
낭트에서 쓴 곡은 다른 도시에서 쓴 곡보다
행복한 느낌이 묻어난다.

몽 생 미셸에서 돌아오던 저녁,
계속 입에서 맴돌던 멜로디가 있었다.
차 안에서도 잊어버리지 않으려고 계속 흥얼거리면서
낭트에 도착하자마자 티에리의 기타를 들었다.
짧은 삼 일간의 행복한 느낌을 고스란히 곡 안에 담았다.

음악은 솔직하다.
느껴지는 감정이 가감 없이 표현된다.
내가 느끼는 행복, 쓸쓸함을 음악을 통해서
다른 이들과 공유할 수 있다는 건 참 행복한 일이다.

너의 손을 잡고 같이 걷던 아침
나무 한 그루가 서 있던 작은 공원
소박했지만 행복했던 그때 우리
가끔 생각이 나

말하지 않아도 느낄 수 있었던
우리만의 작은 이야기를 노래할래
너와 만난 이곳에서

pavane **Paris**

파반느 : 이탈리아에서 16세기 초에 발생해 17세기 중반까지 유행했던
장중하고 위엄 있는 분위기의 궁정 무곡

내가 특별히 사랑하는 프랑스 출신 작곡가
가브리엘 포레(1845~1924)와 모리스 라벨(1875~1937)의 공통점은
둘 다 파반느를 작곡했다는 점이다.
프랑스 작곡가들의 색채는 참 독특하고 매력적이다.
학창시절 나는 늘 그들의 색채를 동경해왔다.
그들이 지내며 곡을 썼던 그 땅에 나도 발을 내딛었다.

두근두근

문득 그날 파리의 metro 13호선이 그리워진다.
그냥 떠올리기만 하는 것뿐인데도
두근거리는 마음.
그래서 더 생각나는 거겠지.

맞아.

두근거림이 없다면
지금 거기에 있다고 해도
행복하지 않을 거야.

잘 지내나요?

안녕.

．

．

잘 지내?

．

．

．

하고 싶은 말은 많았지만.
어렵게 꺼낸 "잘 지내?"라는 말 외에는
어떤 말도 나오지 않았어.

어색한 침묵이 흐르던 그 찰나가
그동안 벌어진 너와 나의 거리를 얘기하고 있었어.

갑작스런 내 전화에
많이 놀랐니?

많은 걸 바라지는 않아.
그냥 "잘 지내."
한 마디면….

당신
잘 지내나요?

Aux Champs-élysées

오~ 샹젤리제
오~ 샹젤리제 ♫

가사도 모르면서 늘 콧노래로 부르던 그 노래.
상상만 해도 날 로맨티스트로 만들던 그 거리.
머릿속으로 늘 동경해오던 곳.

샹젤리제 거리를 걷는
많은 사람들 중에 내가 있다는 사실이 믿겨지지 않았다.
아니, 그보다
콧노래를 부르며 샹젤리제 거리를 걷고 있는
내 모습이 너무나도 로맨틱해서 웃음이 나왔다.

Je m'baladais sur l'avenue Le coeur ouvert a l'inconnu
J'avais envie de dire bonjour a n'importe qui
...

Aux Champs-Élysées Aux Champs-Élysées
Au soleil, sous la pluie A midi ou à minuit
Il y a tout ce que vous voulez Aux Champs-Élysées

저는 거리를 거닐고 있었어요.
모르는 사람에게도 마음을 열고
저는 아무에게나 인사를 하고 싶었어요.
...

샹젤리제 거리에서는 샹젤리제 거리에서는
해가 맑던, 비가 오던 정오든지 자정이든지
당신이 원하는 것은 뭐든지 다 있어요.
샹젤리제 거리에서는

이 순간만큼은
나도 이 노래속의 주인공.

different culture

centre pompidou
퐁피두 센터 앞 광장.

한눈에도 이질적인 다른 문화였지만
자유로운 공간속에서 어우러지던
다름의 조화.

그동안 봐오던 것들, 생각하던 것들에서
조금만 시야를 넓혀보면,
내가 아닌 다른 것들이 보이고,
다양성을 인정하는 순간,
사물은 우리에게 더 많은 감동을 가져다준다.

파리의 연인

나에게
사랑이란 설렘.
나에게
설렘이란 두근거림.
나에게
두근거림이란 널 떠올리는 것
나에게
널 떠올리는 건 매일 매일 하는 일.

그래서
내가 매일 하는 일은
널 사랑하는 일.

L'Amant

여행 중에 만나게 된
다양한 연인들.
한국보다 너무나 자연스러운 애정표현과
사랑스러운 모습들을 보고 있자니,
그제야 혼자인 게 느껴졌다.

해가 저무는 아름다운 세느강변을 바라보면서,^{la seine}
그녀가 좋아하는 빵을 사면서, 이런 생각을 했다.

함께였음 더 좋았을 텐데…

이. 제. 야.

혼자 떠나 온 것이 미안해져 울컥했다.
외로움과 미안함이 공존하던 이상한 느낌.

walls of time

아침부터 종일 걸어 다녔다.
하나라도 더 보려고, 더 겪어보려고
아등바등 바쁘게.

문득 앉아서 생각해보니,
내 살아온 삶과 다르지 않구나.

누구에게나 주어진 시간의 벽을 지나며
하루하루를 보내지만, 정작 그 순간에는
나를 돌아보지 못했다는 걸.

하루하루 자신을 돌아볼 수 있으면 좋으련만
왜 한참이 지나고 나서야 알게 되는 걸까.

여행 = 연애

여행전의 설렘은 마치
연애 전,
그러니까 사귀기 전의 두근거림과
비슷한 감정을 갖게 한다.
처음 손을 잡던 때의 그 떨림!
나에겐 여행을 준비하는 그 시간들이 바로
사귀기 전의 설렘과 비슷한 감정을 갖게 했다.

그리고
여행지에 도착해서 지내다보면
어느새 그 도시에 익숙해져 있는 자신을 발견하게 된다.
사귀기 전의 설렘과는 또 다른,
익숙함 속에서 느낄 수 있는 행복.

그러고 보면 여행과 연애는 무척이나 닮아 있는 듯하다.

여행을 통해 우리는 사랑을 키워가기도 하고,
또 누군가는 영화 같은 사랑을 꿈꾸기도 한다.

La Grande Arche
라데팡스 신 개선문에
나란히 놓여 있던 두 개의 Heineken 병이
다정한 연인처럼 보였던 건 왜일까?

평소에는 아무것도 아닐 이런 작은 것 하나에서도
로맨틱한 감성을 느끼게 해주는 여행을
사랑하지 않을 수가 없다.

040 Paris
before sunrise?

홀로 여행을 떠나는 이들에게 늘 로망 같은 영화가 한편 있다.
바로 Before Sunrise.

부다페스트에서 할머니를 만나고
다시 파리로 가던 여자 '셀린느'와
마드리드에 유학 가 있던 여자 친구를 만나러 왔다가
오히려 실연의 상처를 안고 다시 떠나기 위해
비엔나로 가고 있던 남자 '제시…'.

낯선 곳에서 낯선 사람과의 예기치 않은 만남이었지만,
서로의 아픔과 사랑을 나누는
운명적인 만남을 그린 영화를 보면서
"아, 나도 여행을 떠난다면 저런 여행을…" 했더랬다.
아마 많은 사람들이 나처럼 이 영화를 통해
여행의 로망을 키우지 않았나 싶다.
꼭 이런 사랑의 감정은 아니더라도,
여행을 하면서 만나게 되는 사람들과의 인연은
여행에서의 추억들 중 많은 부분을 차지하게 된다.

나에게는 마리코 짱과의 만남이 그랬다.

파리에서의 마지막 날.
노트르담 대성당에 도착했더니
이미 줄이 엄청나게 늘어서 있었다.
도무지 줄어들지 않는 줄.
내 뒤로도 엄청 늘어선 사람들을 보며 약간은 지쳐가던 찰나,
바로 뒤에 선 한 일본인을 보았다.

그녀의 손에는 일본어로 되어 있는 여행 책이 들려 있었다.
그녀도 나처럼 혼자 여행을 온 듯했다. 나와 같은 처지여서였을까?
왠지 말을 걸어보고 싶었다.
하지만… '말이 안 통하겠지?'
나의 짧은 언어구사능력을 탓하며 생각을 접었다.
그렇게 또 한참이 흘렀다.
줄이 얼마나 늘어섰나 하고 뒤를 보니
아까보다도 훨씬 길게 늘어져 있었다.

그런데 스치듯 보게 된 일본인의 핸드폰이 "Anycall"이었다.
헌데, 슬쩍 보이는 화면엔 한글이 보였다.
'이상하다. 일본 사람인 것 같은데 한글로 문자를 쓰네….'
그 순간 갑자기 뒤에서 목소리가 들려왔다.

　저기… 한국 분이세요?
　네? 네?? 저, 일본 분 아니셨나요?
　네 맞아요. ^_^

알고 보니, 마리코 짱은 한국 학원에서 일본어를 가르친 지
5년이 넘어가는 일본어 선생님이었다.
무료함에 말을 걸어볼까 하다 말았는데
먼저 말을 걸어주다니, 내심 고마웠다.
프랑스 파리에서, 혼자 여행하고 있는 동양인 두 명.
왠지 모를 동질감이 느껴졌다.
사실 혼자 여행을 하다보면 모국어뿐만 아니라.

말을 할 기회가 거의 없다.
길을 물을 때, 식사 주문, 티켓을 끊을 때 정도인데,
아주 짧은 단어의 나열로만 이루어지던 대화를 하다가
오랜만에 말문이 트인 느낌이었다.

서로의 여행에 대해 이런 저런 이야기를 나누며 노트르담을 구경했다.
사실 나의 파리 마지막 날 일정은 노트르담까지였다.
이후의 시간은 뭘 할까 고민하던 차였는데,
마리코 짱은 바게트를 사러 제과점을 찾아간다고 했다.
아마도 '맛집투어'를 다니는 듯했다.
나의 도쿄 'CD투어'가 생각나기도 했다.

무언가 테마가 있는 여행은 특별한 느낌이 있다.
마리코 짱이 찾고 있던 빵집이 노트르담에서 그리 멀지 않은 곳이라
같이 가기로 했다. 나도 다음날은 새벽 일찍 파리를 떠나
스위스 베른으로 떠나야 했기 때문에
아침에 먹을 빵을 사두기도 할 겸 같이 길을 나섰다.
마리코 짱이 묵는 숙소에서
추천 받았다는 ERIC KAYSER를 찾아
직접 그려 온 지도를 들고 이리저리 찾아 가는데,
왠지 미션을 수행하는 기분이었다.

지도를 들고, 골목을 돌고 돌니
ERIC KAYSER라고 쓰인 간판이 등장했다.
그런데 이게 묘한 재미를 느끼게 했다.
제과점 안에는 이미 많은 사람들이 있었고, 여러 종류의 빵 굽는 냄새가
낯선 여행자의 몸과 마음을 따뜻하게 녹여주었다.

다음 목적지는 헨느 역 주변에 있던
Sadaharu AOKI라는 제과점이었다.
지하철을 타고 헨느 역으로 이동했다.
며칠 전 몽 생 미셸에 가기 전에 들렀던
낭트 근처의 헨느와 지역명이 같아서였을까?
친숙한 느낌이 들었다.
헨느 역에 도착하니 한층 더 미션을 수행하는 기분이었다.
매장은 6시까지만 영업을 한다는데, 도착하고 나니 5시 40분.
지도를 펼쳐들고 골목을 휘저으며
사람들에게 길을 물어물어 찾아갔다.
골목을 돌아 나서니 저 멀리 조그맣게 간판이 보였다.

　　　찾았다!

시계를 보니 5시 55분. 매장 문 닫기 5분 전의 도착이었다.
가까스로 오늘의 모든 미션 완료!!

매장 안에 들어가 보니
예쁜 마카롱을 비롯한 빵들이 아기자기하게 놓여 있었다.
사실 나는 여행을 하면서 먹을 것에는 많은 신경을 쓰지 않는다.
신기하고 특별한 음식들을 보면서 감탄하지만
선뜻 사게 되지는 않는….
원하던 목적지를 모두 찾은 마리코 짱은 너무 좋아했다.
나도 덩달아 기분이 좋았다.

제과점을 나와 헨느 역 앞 벤치에 잠시 앉았다.
같이 길을 찾아 준 것에 대한 답례라며
마리코 짱이 마카롱 두 개를 주었다.
나 혼자였음 먹어보지 않았을 마카롱,
서울로 돌아와 바쁜 일상 속에서
고운 색을 띤 마카롱을 볼 때마다
헨느의 한 골목에서 맛보았던 그 마카롱이 떠올려지곤 한다.

서로 다음 여행 일정에 대해 이런저런 이야기를 나누던 중,
마리코 짱은 몽 생 미셸에 가기 위해서 내일 새벽에
다시 헨느 역에 와야 한다는 게 아닌가!

　에? 여길 온다고?

그랬다. 파리 시내에 있는 12호선 헨느 역과
내가 며칠 전 몽 생 미셸에 가기 위해 들렀던
헨느는 이름이 같았던 것!
마리코 짱은 파리에서
TGV를 타고 두 시간이나 걸리는 헨느와
파리 시내에 있던 헨느를 같은 역인줄 알고 착각하고 있었다.

"정말요?"하고 계속 되묻는 마리코 짱을 데리고
미리 예행연습을 할 겸, 몽파르나스 역으로 향했다.
사실 나도 파리에 오기 전
몽생미셸에 가보지 않았더라면 잘 몰랐을 터.
여행을 하면서 나도 많은 사람들에게 도움을 받았지만,
나 또한 다른 여행자들에게
도움을 줄 수 있다는 사실이 즐거웠다.
가이드가 된 것처럼
기차를 타게 될 몽파르나스 역을 소개한 후
루브르 박물관으로 향했다.

둘 다 오전에 루브르 박물관을 관람한 탓에
루브르의 야경을 보자는 공통된 의견이 모아졌다.

그런데 이후의 서로의 일정을 얘기하던 중
또 한 번 놀라는 일이 있었는데,
파리 이후에 여행하는 도시 중에, 피렌체^{firenze}와 로마^{rome}에서
머물 숙소가 같았던 것이다.
많고 많은 숙소 중에, 어떻게 그럴 수가 있었을까?
더군다나 로마에서는 서로 묵게 되는 날짜도 하루가 겹쳤다.
지금 생각해도 참 신기하기만 하다.

저녁에 보게 된 루브르의 야경은 낮에 보았던 풍경보다
더 화려하고 아름다운 모습이었다.
삼각대를 세워놓고 루브르의 피라미드 앞에서
이날의 만남을 기념하는 사진을 한 장 찍었다.
그리고 로마에서의 만남을 기약하며 bye.

파리에서의 마지막 날.
다섯 시간 동안의 짧은 만남.
비록 Before Sunrise의 주인공 같은 이야기는 아니었지만
적어도 나의 26일간의 여행에 특별하게 기억될 만한,
따뜻한 추억을 만들어 준 그녀에게 감사한다.

ERIC KAYSER 프랑스의 사르코지 대통령과 일본의 구로다 사야코 공주가 즐겨먹는다고 해서 유명해진 프랑스의 프리미엄 베이커리 브랜드. 2010년 우리나라에도 론칭되어 국내에도 몇 군데의 지점이 있다.

Sadaharu AOKI 프랑스에 진출해서 성공한 일본인 파티쉐. Paris 12호선 RENNES 역에 그의 제과점이 있고, 일본 도쿄 롯본기 미드타운에서도 그의 빵을 만날 수가 있다.

041 Paris
안녕 에펠탑!

늘 상상으로만 그려오던,
그리고 나에게는 '파리 그 자체'였던
에펠탑.

약간은 차가웠던 밤공기
그리고 너무나도 아름답게 반짝이던 불빛들.
비록 혼자였지만.
그날의 로맨틱한 기억은 아직도 선명하다.

이곳을 찾는 많은 사람들은
모두 저마다 다른 사연들을 품고 이곳을 추억하겠지.
조금은 우습지만, 에펠탑 앞에서는
누구나 파리지앵이 된 것만 같다.

혼자였어도 전혀 외롭지 않았다.
아니.
오히려 혼자여서 더 좋았다.

안녕, 에펠탑.

아름다운 추억은 죽지 않는다

거리 곳곳이 낭만으로 가득 찬 도시.

무심코 바라본 바닥에도
낭만이 넘쳐난다.

les beaux souvenirs ne meurent jamais.
아름다운 추억은 죽지 않는다.

그렇다.
추억이란 얼마나 오랫동안
우리의 마음속에서 살고 있는가.

마음 깊숙한 곳에
하나 둘씩 자리 잡은 추억들로 인해
우리는 때때로 얼마나 많은 위로를 받는가.

세느강에 띄운 편지

그땐 알지 못했지
외로웠을 너의 마음을
미안하게도 난 그런 너에게
귀 기울이지 못했어

이제 와 생각이 나
힘들었을 너의 사랑이 떠올라도
이제는 더 이상
잘해 줄 수가 없는 걸

우리 함께 걸었던 그 거리
같은 하늘 아래 서 있어도
이젠 더 이상 둘이 아닌
혼자란 사실이 슬퍼져

지나간 나의 사랑이
문득 떠오르는 이 길 위에서
미안해…
미안해…
너에게 외친다.

이젠 다른 세상에서
행복하게 살아갈 걸 알지만
널 놓지 못하는
이런 날 이해해줘.

미안해, 사랑해서….

promenade Bern, Spiez, Interlaken

프롬나드 : 프랑스어로 산책, 산보, 보통 프롬나드 콘서트라고 하면
청중이 자유로이 산책하거나 선 채로 듣는 연주를 말한다

사람들로 북적이던 대도시들과 달리 스위스의 도시들은
자연 속에서 치유 받는 느낌이 들었다.
산책하듯이 들렀던 spiez의 호숫가, 그때가 떠오른다

반짝 반짝 빛나는

나에게 누군가가
"여행 중 가장 멋진 순간들은 언제였어요?"라고 묻는다면
나는 주저하지 않고 이렇게 얘기할 거다.

　　기차로 이동하던 순간이요.

이코노미 석에 앉아 열 몇 시간 씩 사육당하는 것같은
'비행기'로의 이동과는 너무나도 다른, 낭만과 멋이 있는 게
바로 '기차'로 하는 이동이다.

짧은 시간이었지만 정이 든 도시를 떠나면서 느끼게 되는 '서운함',
그리고 또 어떤 곳을 가게 될까?라는 약간의 '두근거림',
그리고 잠시나마 쉴 수 있는 '편안한 느낌'까지
이 묘한 감정의 공존상태는 기차에서만 맛볼 수 있는 게 아닐까?

기차를 타고 다른 도시로 이동하면서 편지를 썼고,
보고 싶은 사람을 떠올리기도 했고,
창밖에 펼쳐지는 그림 같은 풍경을 보면서
이제껏 느껴보지 못했던 '감정의 홍수'에 빠지기도 했다.

Speaking of now　언제나 그렇듯 Pat Metheny와 Lyle Mays의 환상적인 연주위에 Richard Bona,
Cuong Vu의 신비한 목소리가 어우러진 Pat Metheny Group의 2002년도 앨범.

흐렸던 날씨가 맑게 개이면서 하늘에서는
한줄기 햇살이 내리쬐었다.
창밖에 펼쳐진 미친 듯이 아름다운 풍경들,
그리고 그 위로 스며드는 Pat Metheny Group의
'You'와 'On Her Way'.
앨범 Speaking of now의 자켓과도
100% sync되는 풍경이 내 눈앞에 있었다.

아무것도 필요 없었다.
벅차오르는 가슴 때문에 눈물이 쏟아질 것만 같았다.
이제껏 한 번도 느껴보지 못한 감정의 과잉 상태.

서울의 일상으로 돌아와 그때의 그 감정을 다시 느껴보고 싶어서
같은 음악을 몇 번이고 틀어보지만,
숨가쁘게 돌아가는 이곳에선 재현되지 않는다.

참 슬픈 현실.

마음이 부유한 사람

우리의 행복은 '통장속의 잔고'가 보장해주지 않는다.
물론 어느 정도의 윤택함은 줄 수 있겠지만,
훨씬 중요한 절대가치는 분명 존재한다.

삶의 가치에 대해서
어느 때보다도 많은 생각을 하게 되는 요즘,
평소에 즐겨보는 '다큐멘터리 3일'에서
이런 지문을 본 적이 있다.

물질보다도 마음의 여유, 베푸는 마음,
항상 상대를 배려하는 마음, 그게 부자야.

집으로 가는 길에 빵 한 봉지를 사서 들어가도
같이 먹을 수 있는 가족이 있다는 사실에
감사하게 되는, 그런 삶이 아름답다.

내 마음속 깊은 곳의 상자

어쩌면 나를 힘들게 했던 건
언제나 나 자신이었어.

나를 억누르던 감정들을 다스리기보단
끌려 다녔기 때문이야.

나를 조급하게 만들던 불안감들,
늘 그 불안감들을 떨쳐버리지 못했던 나는
어쩌면 도망치듯 여행을 떠났는지도 몰라.

26일간의 여정이
어떤 '해답'을 안겨주지는 않겠지만
꼭꼭 잠궈 두었던
내 마음속 깊은 곳의 상자를 열어
날 불안하게 만들던 negative한 것들을
하나, 둘씩 버릴 수 있었으면 해.

새로운 것들을 담고 싶어.
하나도 남김없이 모두 다….

집으로 가는 달팽이

기차에서 내려서 도착한 한적한 슈피츠 역.
^{spiez}

역 건너편으로는 안개가 자욱한 툰 호수가 보이고,
^{thun}
길을 따라 호숫가로 내려가니 인적이 드문
'동화 같은 마을'이 펼쳐졌다.
이렇게 예쁜 동네에 혼자 있다는 사실이 신기하기도 하고
또,
문득 혼자 있다는 사실에 외로움도 몰려왔다.

시선을 내려 발밑을 보니
달팽이 한 마리가 느릿느릿 기어가고 있었다.
반가움이 몰려왔다. 쪼그리고 앉아서 인사를 건넸다.

　　　안녕. 어디 가니?

대답이 없다. 그러고 보니 내가 알고 있는 달팽이라면,
당연히 있어야 할 '등위의 집'이 없다.

　　　아하. 집으로 가는구나?

역시 대답이 없다.
달팽이는 앞으로 조금씩 조금씩, 그리고 아주 천천히
자신의 길을 가고 있었다.
한참이 지났을까?
기어가던 달팽이가 갑자기 멈추더니 고개를 돌려 나를 바라보았다.

잠시 동안 날 응시하더니
고개를 돌려 다시 느린 길을 이어 갔다.
찰나의 순간, 온 세상이 멈춘 듯했다.

달팽이는 정신없이, 숨가쁘게 살아왔던 내게
좀 느려지라고 말하고 있었다.
그리고 이 여행이 끝나게 되면
나도 돌아가야 할 내 자리가 있다는 사실을 기억하라고….

가장 행복한 길

사랑하는 딸의 손을 잡고 걷는 길.

세상 어떤 길이 이 길보다 행복할까.
친구처럼, 때로는 든든한 울타리로,
매일 매일 함께하고픈 게 아빠의 마음이겠지.

'좌회전 금지'라던가
'자전거를 타지 마시오' 처럼
네가티브한 내용이 대부분인 표지판들에
익숙해져 있던 내게
산책로에서 만난 표지판 하나가
이 도시에서 살고 싶은 마음을 갖게 했다.

나도 내 딸의 손을 잡고 함께 걸으며
그 행복을 꼭 느껴보고 싶다.

사당동에서 온 message

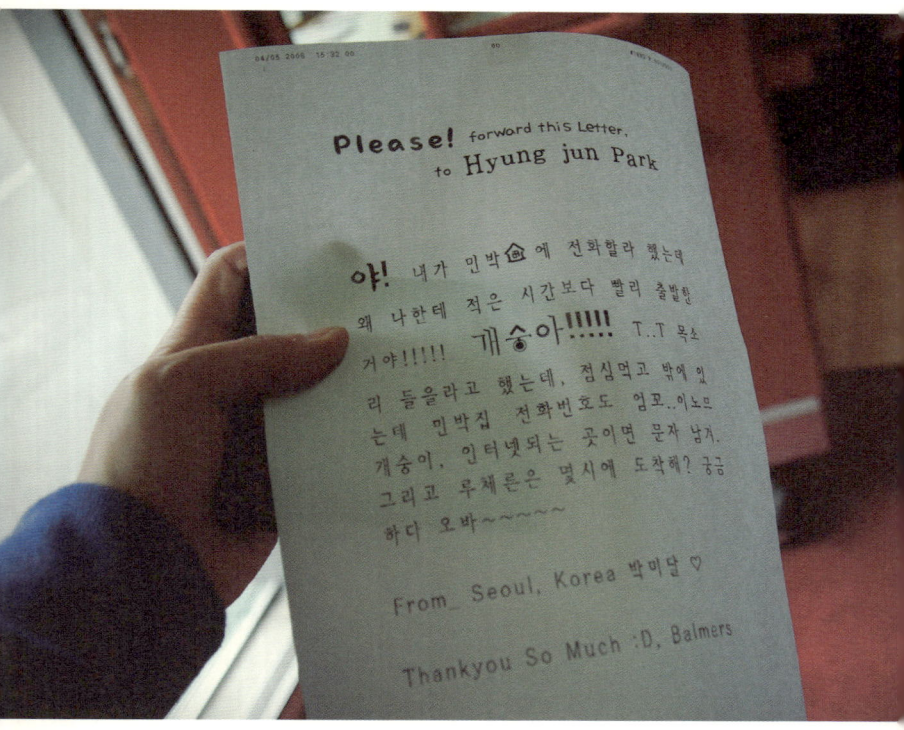

인터라켄 서역에서 내려
interaken
한참을 걸어 도착한 호스텔.
체크 인을 마치고 돌아서려는데,
매니저가 갑자기 날 불러 세웠다.
그리곤 건네는 종이 한 장.

서울에서 미달 씨가 보낸 팩스였다.
생각지도 못했던 깜짝 이벤트.
후후후. 어떻게 이런 생각을 했을까…!
이 팩스를 전해주던 매니저는
어떤 내용인지도 몰랐겠지?

한국인은 나밖에 없던 그곳에서
가장 보고 싶던 사람의 메시지란
'반가움' 그 이상이었다.

단지 텍스트일 뿐이었지만 늘 듣던 익숙한 어법이
마치 옆에서 말하는 듯한 환청으로 들려왔다.

고마워요.
웃을 일이 많지 않았던 여행에서
잠깐이나마 웃을 수 있게 해줘서.

그리고
혼자 떠난 여행이었지만.
혼자가 아니게 해 주어서.

147

050 Interlaken
BLUE transparency

이렇게 파아란 하늘을 본 적이 없었어.
기차를 타고 높이 올라갈수록,
점점 더 투명해지던 BLUE.

그 투명함이 너무 좋아서,
또 너무 그리워서,
그냥 계속 바라봤어.

사실은 크게 소리를 지르고 싶었어.
내 안의 슬픔, 분노, 모두 다 날려버리고 싶었거든.

하지만 고요함이 모든 걸 감싸듯이.
크게 소리 내어 얘기하지 않아도 다 이해하던 너.
그리고 말없이 품어주던
너의 투명함을 나는 잊지 못해.

치유의 하늘.
너의 그 투명함을 가슴 깊이 간직할래.

051 Interlaken
그립다

난 늘 여름엔 겨울이 그리웠고
반대로 겨울엔 늘 여름이 그리웠어.

막상 곁에 있을 땐 소중함을 느끼지 못하는 걸까?
떠난 후에 빈자리가 더 크게 남는 건
사람이나 사물이나 마찬가지.

白夜行

백야란 게 말야. 밤을 도둑맞은 걸까? 낮을 선사받은 걸까?
밤을 낮처럼 보이게 만든 태양은 악의인 걸까? 선의인 걸까?

_드라마 백야행(白夜行)의 대사 중

융프라우요흐^{jungfraujoch}에서 보게 된 태양.
어두운 하늘속에서 빛나던 태양을 보고 있자니,
문득 '백야'가 아닐까?하는 생각이 들었다.
그리고 생각났던 두 사람. 백야행의 '료지'와 '유키호'.

유키호에게 밝은 빛이 되어주고 싶었던 료지.
그리고 다시 한 번 함께 손을 잡고
태양아래를 걷고 싶었던 유키호.

> 내 위에는 태양 같은 건 없었어. 언제나 밤. 하지만 어둡진 않았어.
> 태양을 대신하는 것이 있었으니까.

유키호의 대사가 떠올라 내내 가슴이 먹먹해져왔다.
료지와 유키호가 태양아래서 사랑하는 건 너무 어려운 일이었을까.

하얀 밤을 걷다….

白夜行 '히가시노 게이고'의 소설로 드라마, 영화(한국, 일본)로도 제작되었다.

앞만 보지 마세요

앞만 보지 마세요.
지금까지 그렇게 오래 살아왔잖아요.

숨이 가쁘게 느껴지거든
잠시 멈.춰.서.서.
걸어온 그 길을 한번 돌아보세요.

살면서 우리에게 정말 필요한 건
바쁜 삶, 복잡한 일상 속에서
하늘 한번 볼 수 있는 '쉼표'일지도 몰라요.

서로 같다는 것

같은 곳을 보고
같은 생각을 하고
같은 꿈을 꾸는 것….

이것처럼 행복한 게 있을까?

하늘을 날다

하늘로 날아가기 위해선
먼저 기다릴 줄 알아야 한다.

바람이 너무 세다거나, 날씨가 좋지 않으면
하늘로 날아갈 수 없다.
인간은 거대한 자연 앞에 순응해야 하는 작은 존재임을
또 한 번 깨닫는 순간.

점프를 준비하던 순간부터
머릿속에선 이미 한 노래가 연주되고 있었다.
Synth Theme Solo만으로도 사람을 들뜨게 하는 매력을 가진,
바로 VAN HALEN의 'JUMP!'
그리고 잠시 후 폭발하는 'JUMP!'

언덕에서 하늘을 향해 달려가던 그 몇 걸음을 잊을 수가 없다.
지면에서 발을 띄는 순간 하늘을 향해 날아가던 나를.
한 장의 사진으로도,
어떤 글로도 설명할 수 없는 순간.

icarus
이카루스처럼 무모하고 싶진 않았다.
하지만 하늘을 날던 20분 동안의 자유만큼은
평생 잃고 싶지 않다.

바람이 부는 대로 몸을 맡긴 채 실려 가듯,
그렇게 자유롭게 살 수 있다면 얼마나 좋을까.

VAN HALEN 네덜란드 출신 불세출악 기타리스트 에디 반 헤일런(Edward Van Halen)이 주축이 된 4인조 그룹으로 1984년 발표된 'Jump'는 빌보드 싱글차트 1위에 오르기도 했다.

얘기하지 말지 그랬어요

스위스를 여행하면서 가장 인상 깊었던 장면들 중 하나는
바로 허허벌판 넓은 땅에 혼자 서 있는 나무 '한그루'였다.
사진으로도 많이 보았던 익숙한 장면.
'어떻게 저런 그림 같은 풍경이 가능할까?'라고
혼자 감탄을 연발하곤 했었다.

융프라우요흐에서 내려오던 기차 안.
역시나 그림 같은 장면들이 펼쳐졌다.
내가 스위스에 있음을 실감하며 여행의 기쁨을 맘껏 누리던 차,
앞에 앉은 여행객이 말을 걸어왔다.
그도 나처럼 혼자 여행을 온 한국 여행객이었다.
'어느 곳을 여행했느냐?', '어디가 제일 좋더라'하는
으레 나올 법한 이야기들을 주고받다가 내가 그에게 물었다.

저렇게 나무 한 그루만 심겨져 있는 풍경, 너무 멋지지 않나요?

저거 다 인위적인 거래요. 저렇게 한 그루만 남겨두도록
관리하는 정원사들이 따로 있다죠?"

때로는 안 들어도 될 말들이 있다.
낭만으로 가득했던 나의 인터라켄의 기억을 한방에 날려버린 그 말.

차라리 얘기하지 말지 그랬어요.

혼자만의 저녁식사

많은 여행객들이 머물던 호스텔 Balmer's Herbage.
다들 저마다의 여행을 하는 사람들로 가득했던 곳이었다.

베른으로의 저녁 나들이를 마치고
늦게 인터라켄으로 돌아왔다.
이미 식사시간은 훌쩍 지나서
식사를 준비하는 사람은 나 혼자였다.
넓은 식당에서 혼자 식사를 준비하다보니,
아침에 북적이던 공간과 전혀 다른 곳처럼 느껴졌다.
아니, 어쩌면 혼자여서 빈 공간이 더 커보였을지도.

난 조용히 한국에서 가져온 마지막 음식으로
식사를 하고 있었다.
그런데 구석에 한 남자가 조용히 앉더니,
피아노를 연주하기 시작했다.

혼자 있던 내가 외로워 보였나?
나는 전혀 느껴볼 수 없는 감성과 언어였다.
조금 전까지만 해도 쓸쓸하던, 그리고 소박하던 식사가
어느새 근사해졌다.

낯선 여유

걷고 걷고 하늘 보고
낯선 도시에 발을 딛고
새로운 사람들 풍경
오랜만에 느끼는 설렘

바람이 불어오고
낯선 여유 무뎌지면
아마도 내가 그리울지 몰라
보고 싶어서 눈물 날까?

이런 생각이 자꾸 나
눈물 찔끔, 콧물 찔끔.
밥맛없고 축 처지면
내 사랑을 기억하기를

그댈 향한 나의 사랑을

여행을 떠나기 전
미달 씨가 내게 보냈던 편지 글이다.
여행 초반엔 그리 와 닿지 않았는데…
시간이 흐른 지금,
그녀가
왜 이런 글을 적었는지
이해하게 되었다.

nocturne Zürich — Luzern

야상곡 : 조용한 밤 분위기를 나타낸 서정적인 피아노 곡

푸르스름한 어둠이 깔리던 루체른 호수,
그 자체가 녹턴이었다.

059 Luzern
nocturne(夜想曲)

여행을 하다보면
도시마다의 특별한 느낌이 있는데,
그 느낌이라는 것이
어떤 이에게는 색채로,
또 어떤 이에게는 향기로 다가오겠지만,
나에게는 소리였다.

개인의 기억과 주어진 상황에 따라 달라지긴 하겠지만,
특히나 밤에 어울리는 음악이 있다.

바로 nocturne.

내가 루체른에 머문 건 고작 하루였다.
이 짧은 시간에 얼마나 많은 것을
깊게 보고 느낄 수 있었겠냐만
적어도 내가 있었던 그날 저녁의
어스름한 루체른 호는
딱 nocturne이 어울리는 도시였다.

잔잔한 호수.
그리고 그 위에 비추이는 달빛….

어디선가 아름다운 피아노 소리가 들리지 않는가?

nocturne   흔히 '夜想曲'이라고도 불리는 이 곡은 쇼팽이 만든 것으로 많이 알려져 있지만, 사실은
아일랜드의 존 필드(1782-1837)가 만든 피아노 소품 양식이다. 정해진 형식은 없지만 주로 피아노를
위해 만들어졌고, 한밤의 정취를 담아서 대부분 부드럽고 감상적이며 서정적인 선율을 갖고 있다.

only one의 특별함

여행을 떠나면서 나도 나에게 하나쯤은 선물을 해보고 싶었다.
남들처럼 샹젤리제 거리에서 사는 명품 백 같은 건
애당초 나와 어울리지 않았고, 똑같은 design이 하나도 없는,
recycle 가방이라 의미도 있는,
FRIETAG 가방에 예전부터 관심이 있었다.
국내에서는 몇몇 멀티숍에서, 혹은 구매대행으로만
비싸게 살 수 있는 가방이었다.

스위스에 입성하자마자 보게 된 FREITAG.
베른에서도, 인터라켄에서도, 루체른에서도
이상하게 스위스에서는 가는 도시마다
FREITAG을 멘 사람들을 보게 되었고,
가방을 볼 때마다 나는 시선을 빼앗기그 말았다.

세상에 하나뿐인 가방. 이건 참 unique한 발상이다.
남들과 똑같고 싶지 않은, 남들과 다르고 싶은 욕구를
대변해 줄 수 있는 item이리라.

인터라켄에서 만났던 chic한 느낌의 금발 소녀.
다음날 우연히 길에서 그녀를 다시 만나게 됐고,
근처에 FREITAG 매장이 있냐고 물어보았다.
아쉽게도 인터라켄에는 매장이 없다는 이야기를 듣고
나는 곧바로 기차를 타고 베른으로 달려갔다.
그런데 내가 도착했을 때는 이미 매장이 문을 닫은 상태였다.
아….

그래서!
루체른에 도착하자마자 내가 한 일은
하루밖에 없는 시간임에도 루체른을 돌아보는 게 아니라
바로 취리히로 달려가는 것이었다.

왜 취리히인가하면,
바로 취리히에 FREITAG 본점이 있었다.
(다른 지역의 매장들은 편집매장이라 몇 가지 종류의 모델뿐이지만 취리히의 본점은 특별한 모델
들이 가득했다.)

인터넷에서 주소를 찾고 무작정 찾아간 취리히 행이라,
기차에서 내렸을 때도 무작정 bus 정류장 쪽으로 향했다.
정류장에 있던 학생에게 지도를 보여주며 위치를 물었더니,
다시 기차를 타고 하드브뤽 역으로 가면 된다고
친절히 알려주었다.

예전엔 외국인에게 말을 거는 게 두려웠는데 막상 여행을 해보니,
잘하지 못하는 영어임에도 약간의 자신감이 생겼다.
그렇게 찾아간 하드브뤽 역.

출구로 나가도 잘 보이지 않길래
조바심을 내다 고개를 옆으로 돌리는 순간,
저 멀리 보이는 컨테이너 박스!!!
아, 인터넷에서 그렇게 많이 봐왔던,
바로 그 컨테이너 박스 건물이 바로 내 눈앞에 있었다.

컨테이너 박스로 만들어진 건물이라,
FREITAG 브랜드의 특성과도 너무나 잘 어울렸다.
문득, 2008년 7월의 일기가 떠올랐다.

언젠가 유럽여행을 가게 된다면 꼭! 스위스에서 사와야지!

거창한 건 아니었지만.
내가 바랐던 소원이 현실로 이루어졌다는 사실에
말할 수 없는 기쁨을 느꼈다.

매장 문을 열고 들어서니 이건 뭐 눈이 휙휙 돌아갈 지경.
bag을 좋아하는 여자들의 마음이 이런 거구나…라는 생각이 들 만큼,
너무 신나하는 내 모습이 재밌기도 하고
그냥 너무 좋아 웃음이 나왔다.
그런데 너무 다양한 color가 가득하니, 어떤 걸 골라야 할지
고민도 이런 고민이 없었다.
너무 고민만 했던 걸까, 내가 찍어 놓은 가방을 그 사이에
다른 사람이 사가기도 했다.

'아 같은 design은 없는데….'

그렇게 한 2시간 여를 골랐나보다.
결국에 고르게 된 red & silver color의 메신저 백.
점원은 나에게 "nice color~"라고 인사했다.

그럼요! 2시간동안 어렵게 고른 건데요~.

여행 중 처음이자 마지막이었던 나를 위한 쇼핑.
다시 사려고 해도 살 수 없는. only one.
살 때부터 때가 묻어 있었지만
이제는 내 손때를 쭉 묻혀주고픈 녀석.

FREITAG이란? 1993년 swiss zürich에 사는 마커스, 다니엘 프라이탁 형제가 개발했다. 가방의 소재로는 방수성이 뛰어난 pvc 코팅 가공된 대형 트럭의 덮개부분을, 가방의 끈과 스트랩 부분은 벤츠와 BMW같은 고급차량의 안전벨트를 재활용했다. 소재 마감은 자동차 바퀴의 내부 고무튜브를 사용하여 vintage한 무늬와 색채, 그리고 오래된 색감까지 패션아이콘으로 재탄생시켰다. 2011년 6월부터 우리나라에도 mmmg를 통해 판매하고 있다.

변해가네

처음에 호감이 생길 때는
하찮은 우연에도 특별한 의미를 부여하고,
작은 관심에도 감사하며
나와 다른 취향에도 맞추려고 애쓰고,
같이 있는 시간이 제일 좋다고 얘기했지.

하지만 이미 호감이 사라지고
싫증이 나버릴 즈음엔
동질감 따위는 사라진 지 오래.

나보다 더 중요한 것들이 생겨서
이미 2순위, 3순위로 밀려나버리고
같이 있는 시간에도
우리는 더 이상 같은 공간에 있는 게 아냐.

혼자 덩그러니 남은 자전거처럼
텅 빈 거리에 홀로 남겨진 느낌.

우리
왜 이렇게 된 거니?

allemande München

알망드 : '독일풍의 무곡'이란 뜻으로 바하의 작품에서는 쿠랑트, 사라방드, 지그와 함께
모음곡에서는 없어서는 안 될 중요한 악장을 이루고 있다.

현악사중주,
클래식 기타 선율이 가득했던 노이하우저 거리,
밤새 축제의 분위기가 넘실대던 옥토버페스트,
음악이 가득했던, 음악을 사랑하는 도시 뮌헨.

바다를 닮은 호수

취리히에서 뮌헨으로 건너가던 기차 안.
날씨는 매우 흐렸고, 브레겐츠를 지날 때 즈음이었다.
회색빛의 하늘과 맞닿은, 바다를 닮은 호수가 나타났다.

Where am I going and what will I fine?
Will it only be more of the same?
난 어디로 가고 있는 걸까, 무엇을 찾을까?
지금과 다른 건 없는 걸까?

안개가 자욱한 회색 풍경을 바라보며
Swan Dive의 Where Am I Going?을 듣고 있자니
평소였으면 그냥 흘려들을 노래도, 가사 한 자락도,
'기억에 남을 특별한 시간'이 되어 버렸다.

파란 빛의 맑은 바다도 좋지만,
때로는 회색 빛의 어두운 바다도 좋다.
신나고 기분 좋은 것도 좋지만,
때로는 이런 우울함도 좋다.

여행을 하면서 보게 되는 화려한 건축물보다도,
맛있는 음식보다, 멋진 공연보다도,
나에겐 이런 감정 상태로 몰입되는 순간들이
너무나도 필요했고, 소중했다.
누군가에게는 그냥 무미건조하게 흘려보낼
기차안의 시간이겠지만…,

'기분 좋은 우울함.'
그 묘한 이율배반적인 감정이 느껴졌던 순간.

bregenz   오스트리아 최서쪽에 위치한 포어아를베르크(Vorarlberg)주의
주도이며 콘스탄츠 호(湖)의 동쪽 호숫가에 있다.

Swan Dive   1995년 결성된 미국출신의 혼성 듀오. Circle, Groove
Tuesday, Automatically Sunshine 같은 기분 좋은 곡들은 CF에서도
많이 사용되었다.

Habanera, Cavatina

하루도 채 안 되는 뮌헨에서의 일정.
민박집에 도착하자마자 얼마 남지 않은 시간 탓에
후다닥 나가려는 나를 보고 민박집 여사장님은 이런 얘기를 했다.

> 여행은 그렇게 급하게 하는 게 아니야.
> 천천히 그 나라의 여러 가지를 느끼고 경험해봐야지.

독일인 남자와 결혼한 민박집 사장님의 말에 따르면,
숙소가 있던 암 무스펠트 거리는
전형적인 독일 사람들이 생활하는 동네이고,
민박집 역시 여느 민박집과는 달리 독일스런 맛을
느껴볼 수 있는 곳이라고 했다.
우아한 외모와 말투가 특징적이었던 사장님은 뮌헨에서
하루도 채 머물지 못하고 떠나는 내가 아쉬운 듯
여러 가지 이야기를 해주셨다.

나도 그러고 싶었다.
하지만 세계 3대 축제 중 하나인 옥토버페스트 기간과
내가 뮌헨에 도착하는 날짜가 겹치는 바람에
숙소 구하기가 너무 어려웠다.
간신히 하루 묵을 곳을 구했던 상황.
아쉽지만 '얼마 남지 않은 반나절이라도 부지런히 다녀보자!'라는
생각에 서둘러 길을 나섰다.

뮌헨의 중심지라는 마리엔 광장에 가기 위해 ^(marien platz)
지도를 펼쳐들고 찾던 중, 분수가 쏟아지는 카를스 광장과
커다란 카를스 문이 나타났다.
이 문을 넘어서면
노이하우저 거리가 나타나는데,
우리나라로 따지면 명동 정도인 것 같았다.

양 옆으로 늘어선 상가들.
그리고 여기저기 많이 보이는 여행객들과 사람들.
숙소가 있던 암 무스펠트의 한적한 풍경과는 사뭇 대비되는
북적북적함이었다.
그런데 어디선가 바이올린 소리가 들려왔다.
소리가 나는 곳을 찾아가보니
스트링 콰르텟(현악 4중주)의 연주가
펼쳐지고 있었다.

사실 독일로 넘어가는 기차 안에서
베토벤이나,
바흐 같은
유명한 작곡가들을 떠올리며,
거리에서 클래식 연주를 들어볼 수 있을까?라는
막연한 생각을 했는데,

거리에서 울려 퍼지는 바이올린 소리를 듣게 되니
반가운 마음이 든 것은 너무나도 당연했다.
위대한 작곡가들을 배출한 나라답게 거리 한복판에서 현악 4중주라.
너무나도 멋진 순간이었다.

첫 곡이었던 모차르트의
작은 소야곡 1악장이 끝나고,
이어지는 곡은 비제의 오페라 <카르멘> 중
habanera였다.

생각지도 않았던 선곡에 입가에는 미소가, 어깨는 들썩들썩,
금방이라도 내 몸은 리듬에 맞춰 춤을 출 것만 같았다.
거리 자체만으로 본다면, 그다지 특별할 것 없던
노이하우저 거리를 특별하게 만들어 주었던 연주.

조금 걷다보니 이번엔 어디선가 은은한 클래식 기타 선율이 들려왔다.
그것도 내가 너무도 좋아하는 cavatina의 선율이….

클래식 기타 한 대로만 이루어진 이 곡은
반주의 형태와 멜로디가 같이 연주되는 곡이다.
클래식 기타를 연주하는 사람들의 레퍼토리에서는
항상 빠지지 않고 사랑받는 곡이기도 하다.

나지막이, 노이하우저 거리를 가득 채웠던 그의 cavatina.
방금 전에 들었던 열정적인 habanera와는 또 다른 은은함으로,
또 조용하지만 깊게 마음을 다독여주었다.
때로는 강한 비트보다, 자극적인 음색보다도
심플한 피아노 하나,
기타 한 대의 음들이 더욱 가슴에 깊게 박힐 때가 있다.
음악이란 묘한 매력이 있다.
언제든지 내가 기억하는 그곳으로,
시간과 공간을 초월하여 나를 데려다 준다.
어디선가 다시 이 카바티나를 듣게 된다면,
나는 다시 노이하우저 거리에 가 있을 것만 같다.
2010년 9월 20일. 뮌헨.

habanera 쿠바의 무곡으로 보통 템포에 의한 4분의 2박자의 곡으로 2종의 리듬형이 특징이다.
에스파냐에서 발생한 것이라고 하며 특히 19세기 중엽 에스파냐의 작곡가 세바스티안 이라디에르가
쿠바 체류 중에 작곡한 《엘 아레글리토》와 《라팔로마》에 의해 유명해졌다. 비제의 오페라 《카르멘》과
라벨의 관현악곡 《스페인광시곡》 등에도 이 형식을 도입한 걸작들이 있다. 현재는 자주 연주되지
않으나, 아르헨티나 탱고 등의 무곡의 모체를 이루고 있다.

cavatina 클래식 기타 연주자인 존 윌리엄스(John Williams)의 연주곡으로 1978년 영화 디어 헌터(The
Dear Hunter)에 삽입되어 많은 사랑을 받았다.

Prost!!!

뮌헨에서는 운이 좋게도 축제 기간 중 하루를 참여할 수 있었다.
그것도 브라질의 리우 카니발, 일본의 삿포로 눈 축제와 더불어
세계 3대 축제로 꼽히는 옥토버페스트에!!!

축제라는 건 사람을 들뜨게 한다.
고작 하루 겪은 걸로 이들의 기분을 어찌 다 알 수 있겠냐만,
이들은 이 축제기간 16일을 위해 349일을 사는 것 같아 보였다.
기다리고 소망하는 게 있다는 건 참고 견딜 수 있는 힘을 갖게 한다.
그게 무엇이던 간에.

주말 서울시내에서 흔히 볼 수 있는 취객들의 모습과는 달리
축제 자체를 즐기는 이들의 모습이 보기 좋았다.
이런 즐거운 분위기를 만드는 데는
Bräu마다 있는 밴드들이 한몫을 했다.

191

대규모의 밴드가 라이브로 연주하는 음악들이
분위기를 한껏 들뜨게 하는데,
그 중의 하이라이트는
바로 옥토버페스트 주제가가 연주될 때였다.
제목도 모를 그 주제가가 연주되면
Bräu안의 사람들은 일제히 하나가 되었다.

여기저기 흥겨운 사람들.
이토록 음악은 국적도, 나이도, 성별도 다른 사람들을
하나로 만드는 힘이 있다는 걸 새삼 느끼게 되는 순간이었다.
사람들은 연신 Prost!!!를 외쳐댔다.
나도 이날엔 생전 처음 보는 사람들과 함께,
아마 다시는 보지도 못할 사람들과 함께 Prost!!!를 외쳤다.

Bräu 독일어로 양조를 의미한다.
Prost 독일어로 건배를 의미한다.

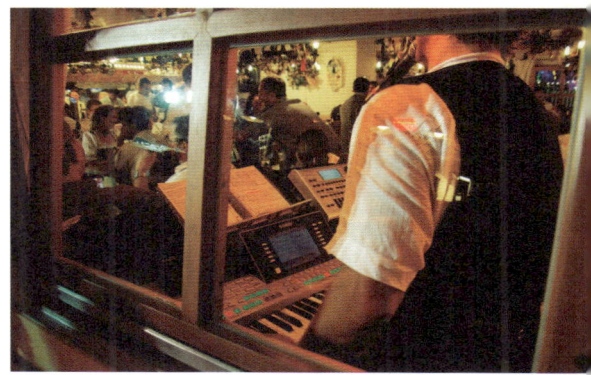

일기장 속의 나

난 이따금씩 옛날에 썼던 일기장을 열어보곤 한다.
불과 몇 년 전의 나인데도,
지금의 나와 다른 생경한 느낌.

사람은 어찌도 이리 쉽게 변하는 걸까?
처음의 그 마음이 변하지 않는다면 정말 좋으련만
사람은 너무나 주변의 변화에 따라
쉽고도 재빠르게 적응한다.

지금은 기억조차 나지 않는
예전의 고민들, 생각들…

일기장 속의 나는 지금처럼 지쳐 있지 않았다.
지금 거울에 비친 모습처럼.

부디 여행을 하면서 했던 많은 생각들이
이전처럼 쉽게 사라지지 않았으면 좋겠다.

고마워 Ben!!!

혼자 여행을 하다보면 작은 만남들조차도 크게 다가올 때가 있다.
뮌헨에서 프라하로의 이동 중에 만났던 Ben과의 만남이 그랬다.

짜릿했던 옥토버페스트의 기억을 뒤로하고 기차를 타러 갔던 아침.
이번 이동은 여섯 시간이나 걸리는 긴 여정이었다.
여유롭게 유레일 패스의 특권을 누리겠다며
여섯 명이 쓰는 일등석 자리에 앉아서 기차 출발을 기다리고 있었다.
그런데 조금 후 한 외국인이 다가와
프라하로 가는 기차가 맞냐고 물어왔다.
그리고 다음 칸들을 둘러보더니 다시 내가 있던 자리로 돌아왔다.
둘 다 혼자니 같이 가자며….

미국에서 왔다는 Ben과 지난밤에 있었던
축제의 이야기를 나누다 보니 어느덧 기차가 출발했다.
그렇게 한참을 가다 역무원의 티켓 검사가 이어졌다.
나는 유레일 패스 사용자였기 때문에
별다른 목적지가 쓰여 있지 않아서
살짝 검사만 하고 넘어간 반면,
프라하 행 티켓을 가지고 있던
Ben의 티켓을 본 역무원은 이 자리에 앉아 있으면
안 된다는 이야기를 했다.

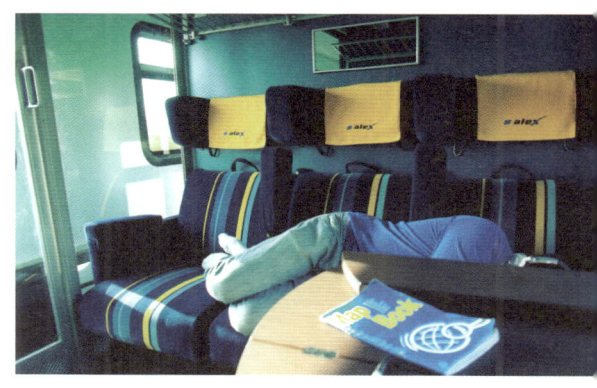

알고 보니 우리가 앉아 있던
일등석 객차는 로젠부르크에서
분리가 되는 객차였던 것이다.
하마터면 중간에 영문도 모른 채 분리될 뻔했던 아찔했던 순간이었다.
황급히 Ben과 짐을 싸들고
다른 2등석 객차로 갔을 땐 이미 자리가 없는 만석 상태였지만,
안도의 한숨을 내쉬며 하이파이브를 나눴다.

Ben이 나에게 말을 걸지 않았더라면,
나에게 다시 오지 않았더라면 어찌 되었을까?
작은 만남이었지만 벤과의 만남은 이번 여행 중
잊을 수 없는 '만남' 중의 하나다.

고마워 Ben!

ma vlast Praha

나의 조국 : 스메타나(1824~1884)가 작곡한 교향시

'나의 조국'만큼 프라하를
대표할 수 있는 것이 있을까?
학창시절 배웠던 곡을
그의 무덤 앞에서 듣게 될 줄은.

오후의 자전거 1

나른해져 오는 오후의 햇살이 좋아.
코끝에 닿는 서늘한 강바람도 좋아.

길게 늘어뜨린 그림자 뒤로
오늘도 고단한 하루가 또 저물어 가네.

하루하루
각자에게 주어진 시간.
무던히 계속된 페달질 속에서
어느덧 시간은 흐르고 흘러,
저마다의 오후를 맞이하겠지.

오후의 자전거.

삶이 우리에게 주는 교훈

천천히 조급하지 않게
걷는 자에게 있어
지나치게 먼 길은 없다.

_La Bruyere

한걸음 한걸음
서두르지 말자.

삶이 우리에게 주는 교훈.

Cream & Dream

프라하에서 만난 한 아이스크림 가게는
이름만으로도 단번에 나를 사로잡았다.

'CREAM & DREAM'

라임이 딱 맞아떨어지는
멋진 어감은 차치하더라도
'꿈처럼 부드러운 아이스크림'이라는 의미가
너무나 멋지다.

주머니 속의 동전 몇 개로
'달콤한 꿈'을 맛보게 해주었던 프라하.

나의 조국과 신세계 교향곡

해가 질 무렵 도착한 비셰흐라드. ^(Vyšehrad)

인적이 드문 스산한 분위기 때문이었을까.
전날 옥토버페스트에서의 들뜬 마음이
어느새 차분하게 가라앉았다.

공동묘지에 도착하니 체코를 대표하는 작곡가인 ^(czech)
스메타나의 나의 조국 1악장
비셰흐라드가 흘러나오고 있었다.
이보다 더 나의 조국을 감상하기에 최적의 장소가 또 있을까.
학창시절 작곡을 공부하며 들어왔던 거장의 음악을 직접,
그것도 배경이 되는 곳에서 듣는 감동은
설명하기 어려울 정도로 벅찼다.

Antonin Dvořák

이어진 드보르작의 신세계 교향곡.
드보르작이 그리던 신세계란 어떤 곳이었을까?
어릴 적 알게 된 위인들은 다 실제로 존재하지 않는
가공의 인물인 것만 같았는데,
거장의 묘 앞에서 그와 직접 마주하게 되니
절로 고개가 숙여졌다.

나의 조국 스메타나의 작품 중 가장 널리 알려진 곡. 제1곡 〈비셰흐라드〉, 제2곡 〈블타바〉, 제3곡
〈사르카〉, 제4곡 〈체히의 목장과 숲속에서〉, 제5곡 〈타보르〉, 제6곡 〈블라니크〉로 되어 있으며, 이
가운데서도 특히 제2곡 〈블타바〉가 유명하다. 블타바는 독일어로 몰다우로도 불리는데, 블타바보다
몰다우라는 이름이 더 널리 알려져 있다.

Blues Man

시간은 거짓말을 하지 않는다.
자신에게 노력한 시간이라면 더더욱.

무언가에 끌려 들어간 까페 U MALEHO GLENA에서는
팔순은 되어 보이시던 노신사의 연주로
숨 쉬기조차 어려웠다.

기타 현의 울림 하나하나,
묵직한 저음역대의 목소리 한음 한음에
그의 인생이 묻어 있었다.

나의 노년도 저런 모습이기를.

내가 만드는 멜로디에
내가 연주하는 음에
내 인생이 담길 수 있기를.

072 Praha

소지섭, 그리고 Always in a Heart

프라하. 이름만으로도 낭만적인 도시.

프라하라는 도시가 나에게 주는 느낌이란
런던이나 로마가 주는 그런 느낌과는 사뭇 다른
무언가 정적이고, 아련한 느낌이랄까?
내가 프라하를 그렇게 느끼게 된 데는
결정적으로 두 가지 요소가 작용했다.
그 중 하나는 '소지섭'이고,
나머지 하나는 'Always in a Heart'라는 곡 때문이었다.

혹시 이 CF를 기억하는가?
잔잔한 피아노 음악이 흐르며 까를교와 ^{Karlův most}
프라하 시내의 아름다운 모습을
카메라에 담아내는 '소지섭'을 보여 주던
S사의 카메라 광고 말이다.
광고에 흐르던 음악이 바로 Isao Sasaki의
'Always in a Heart'라는 곡이다.
(이 CF의 영향으로 프라하 하면, 이 곡을 떠올리는 사람도 많았고, Isao Sasaki의 음원과
앨범 역시 차트에서 좋은 성적을 내기도 했다.)

사실 이 광고음악은 내가 선곡한 곡이었다.
직업상 CF음악을 만들기도 하지만 때로는
영상에 맞는 음악들을 선곡하기도 하는데,

on-air 되기 전 편집된 영상을 보면서 그림에 딱 맞는,
어울리는 곡을 고르기 위해 수십 곡을
듣고 또 듣기를 반복해야 하기 때문에,
프라하 영상 또한 반복해서 볼 수밖에 없었다.

아름다운 프라하는 내게 그렇게 다가왔다.
처음엔 내 의지와는 상관없이 일로서 접하게 되었지만,
그렇게 보게 되었던 카를교의 모습들, 프라하 성,
그리고 프라하 거리 곳곳의 모습들이 나도 모르게
내 마음속에 자리하게 되었다.

여유롭게 카메라 하나 둘러메고 프라하의 아름다운 모습을 담아내던
소지섭의 모습을 보며 부러운 마음을 한껏 키우고만 있었는데…,
동경의 대상이었던 프라하에 도착해 내가 제일 처음 한 일은,
마치 정해진 의식인 것 마냥 자연스레 주머니에 있던
iPod을 꺼내 'Always in a Heart'를 재생시키는 것이었다.

그 순간 나는 더 이상 소지섭이 부럽지 않았다.

Always in a Heart   일본 출신 뉴에이지 피아니스트 Isao Sasaki의 2006년도 앨범 'Insight'에
수록되어 있다.

melisma **Venezia**

멜리스마 : 성악에서 1개의 음절에 붙여 진 짧고 화려한 꾸밈음

이탈리아 어느 도시들보다도 가장 도시의 색채가 강했던 베네치아.
화려한 가면 뒤에는 어떤 얼굴들이 숨어 있던 걸까

베네치아에서 길을 잃다

좁다란 골목과 시원한 운하가 오묘하게 뒤섞인
물의 도시 베네치아는 곤돌라, 가면,
형형색색으로 칠해진 집들이 가득한 이색적인 도시다.
영화 팬들에게 익숙한 베니스 영화제가 열리기도 한다.
이 도시가 가진 또 하나의 특별함은 자동차가 다니지 않는다는 것이다.

하루밖에 남지 않은 유레일 패스 유효기간 때문에
로마에 머물던 나는 피렌체로 이동하기 전에
아침 일찍 베네치아를 향해 떠났다.

ES (에우로스타)라는 가장 빠르고, 좋은 기차를 타고도
로마에서 네 시간 반이나 걸리는 먼 거리였다.
기차에서 내려 산타루치아 역 출구로 나가 보니
탁 트인 운하가 나타났다. 섬과 섬 사이의 수로가
교통로로 되어 있어 베네치아는 '물의 도시'로 불린다.

RAMO LICINI

CORTE RUBBI

HOTEL
CANEVA
5515

5516

SAN MARCO

JAZZ

시내로 들어가기 위해 바포레또 티켓을 끊고
2번 바포레또에 탑승했다.
시원한 바람을 맞으며 넓은 바다로 출발.
초호화 크루즈선도 보였다.
그런데 옆에 앉았던 할머니가
베네치아 시내 노선도가 상세히 나온 지도를 보고 계셨다.
바포레또 티켓을 살 때 봤던 지도였는데,
2€라는 비싼 가격 때문에 사지 않았었다.
흘끔흘끔 쳐다보는 내가 불쌍했는지,
할머니가 웃으며 지도를 주셨다.

감사한 마음에 "Tanto Grazie"하고 웃으며 인사를 드렸다.
사실 할머니도 Italian은 아닌 듯했다.
나와 같은 여행객으로 보였지만,
이탈리아가 아니면 언제 이런 인사를 건네 볼까!
현지에서 쓰게 되는 몇 안 되는 짧은 의사표현들도
여행을 즐겁게 하는 요소임이 분명하다.

그렇게 도착한 베네치아 시내.

너무나 유명한 탄식의 다리 앞에 오게 되니
정말 많은 관광객들로 가득 차 있었다.
우뚝 솟은 동상을 보고 있던 내게
한 여행객이 다가와 누구의 동상이냐고 물었다.
모두 관광객들이니
다들 모르는 게 당연한 듯했다.

"I Don't Know. Sorry~"하고 멋쩍게 웃으며 대답하고는,
산 마르코 광장으로 발길을 옮겼다.
베네치아에서 가장 넓어 보였던 이 광장은 곧이어 나왔던
수많은 미로 같은 골목들을 꼭꼭 감춰놓기라도 하듯이
넓고 탁 트인 모습이었다.
수많은 사람들. 그리고 그 사람만큼 많았던 비둘기들.

이탈리아에서는 가는 도시마다 꼭 젤라또^{gelato}를 사먹었다.
원래 아이스크림을 좋아했지만
이탈리아의 젤라또는 뭔가 특별했다.
젤라또를 먹으면서 걷고 있는데 누가 내 팔을 잡았다.
'누구지?'하고 봤더니, 비둘기가 팔에 앉아 있었다.
너무 많은 사람들 속에 있다 보니 사람이 무섭지 않는 걸까?
아니면 사람들을 좋아하는 걸까?
아무튼 나에게는 그다지 좋지 않은 느낌인 것만은 확실했다.

그렇게 들어선 좁은 골목.
건물들이 워낙 촘촘히 붙어 있어서 그런지
골목 안에서는 빛이 굉장히 귀하다고 했다.
그런데 이것은 베네치아만의 특징이 아닌가 싶었다.
골목 사이로 틈틈이 보이는 운하에는
운치 있게 곤돌라가 떠다녔다.
베네치아에 왔으면
곤돌라쯤은 한번 타 보아야 했는데,
얼마 남지 않은 시간과 혼자라는 사실에 포기했다.

골목을 다니다 보니, 정말 미로에 빠진 것만 같았다.
지도를 봐도 어디가 어디인지 모르겠고,
그 골목이 그 골목 같았다.
다른 거라곤 집에 붙어 있는 숫자들 뿐.
골목을 헤매다 보니 CANEVA라고 써진 한 허름한 호텔이 보였다.
지금에 와서야 드는 생각이지만,
그때 이 호텔에 무작정 들어가 숙박을 했어야 했다.
처음 한 유럽여행에 불안했던 나는
대부분의 숙소를 한인민박으로 잡고 이동했다.
물론 한인민박들도 좋았지만, 다시 유럽으로 떠나게 된다면
절대 한인민박에서 보내지 않을 테다.
말도 잘 통하지 않지만 그 낯설음을 경험하는 것,
그게 진짜 여행이니까.

다시 베네치아에 가게 된다면
CANEVA 호텔을 꼭 찾아가고 싶다.
미로처럼 엉킨 베네치아의 골목 속에서
그곳을 찾기란 쉽지 않겠지만,
꼭 한번 찾아가리라.

길을 잃었어도 기분 좋았던 베네치아의 그 좁은 골목들.
무작정 미아가 되어 그 골목을 다시 한 번
가볼 날이 다시 오겠지?

ES 에우로스타, 이탈리아의 고속철도.
바포레또 베네치아에서 이동할 수 있는 운송수단으로 유람선보다 조금 작은 수상버스다.

혼자 걷는 길

걷는다.
그냥 걷는다.
여기가 어디인가는 그다지 중요하지 않다.

비록 같이 걷는 이는 없지만,
그래서
한 걸음 한 걸음
보이는 것들
들려오는 소리들
피부에 닿는 바람 하나까지도
더 집중해서 교감한다.

그러고 보니,
혼자 이렇게 걸어본 적이 얼마만인가?

오랜만에 혼자 걷는 이번 여행이
내게 한 선물은
바로 '감사할 줄 아는 마음.'

눈앞에 펼쳐진 아름다운 바다,
예전엔 미처 몰랐던 노을 지는 하늘,
또한 그것들을 보며 감상에 젖을 수 있는 '감성'을 되찾아서,
베네치아에서의 혼자 걷는 길은 절대 외롭지 않았다.
언젠가 또 삶이 퍽퍽하게 느껴질 때면,
혼자 걷던 베네치아에서의 그날을 생각하자고.

일상과 일탈, 그 한 글자의 차이

어떤 이의 평범한 일상이
어떤 이에게는 꿈꿔오던 일탈일 수도 있다.

매일 내리쬐는 뜨거운 햇빛도
누군가는 그토록 원하던 따뜻한 햇살.

이곳 사람들에겐 평범하기 그지없는 모습들이
나 같은 이방인들에게는 너무나 눈부신 순간이었다.

베네치아 어느 골목에서 오후를 만끽하던 나는,
문득 곤돌리에 아저씨의 일탈은
어떤 것일지 궁금해졌다.
내가 이곳에서 짜릿한 일탈을 맛보았던 것처럼,
저 곤돌리에 아저씨도
분명히 꿈꾸는 일탈이 있을 텐데….

일상, 일탈.
한 글자 차이지만 사뭇 다른 느낌의 두 단어.

사람은 누구나 일탈을 꿈꾸며 산다지만
일탈은 자기 일상의 소중함을 알고,
행복을 누리는 사람만이 맛볼 수 있는 게 아닐까?

어둠을 밝히는 빛

베네치아의 찬란한 햇살은 그 자체가 감동이었지만,
미로 같은 골목 속에서는 어두움을 밝히는 한줄기 빛만으로도
감사가 터져 나왔다.

삶은 이렇게 작은 부분들에서
말없이 더 큰 위로를 건네준다.

시간은 흐른다

바쁜 하루를 보냈을 서울의 당신.
그리고 조금은 느린 하루를 보낸
베네치아에서의 나.

조금 느리게 느껴지던 이곳의 풍경을
당신에게 선물하고 싶어.

serenade **Firenze**

세레나데 : '저녁 음악'이라는 뜻으로 밤에 연인의 집 창가에서 부르던 사랑의 노래

저녁 무렵 붉게 물들던 아르노 강가에서는
누구라도 사랑의 세레나데를 부를 것만 같았어.

준세이와 아오이는 그곳에 없지만…

수많은 연인들의 성지.

이곳을 찾는 아시아인들은 대부분 그렇겠지만
소설과 영화를 통해 이곳을 접했을 테고,
가슴 저린 러브스토리에 감동하며
한번쯤 이곳을 그려봤을 것이다.
나 또한 그랬다.

오래전부터 머릿속으로만 그려오던 나에게는
낭만의 장소.
그리고 10년 후에 만나기로 했던
준세이와 아오이에게는 약속의 장소였던
피렌체의 두오모 쿠폴라에 오르는 길.

463개의 계단을 하나하나 밟으며 올라가는 길은
꽤나 좁고도 힘들었지만,
넓고 편한 길이 아니어서 감정을 이입하기에는
더할 나위 없이 좋았다.
이곳을 찾는 많은 사람들이 그래왔듯이
나도 한 계단 한 계단 밟아 올라가면서
상념에 잠겼다.
나에게도 이런 운명 같은
러브스토리가 찾아온다면 어땠을까?
생각만으로도 벅찼다.

이런 상황에서 감정의 몰입은
혼자 떠난 여행이 선물하는 가장 큰 장점이 아닐까?

많이 생각하고, 더 감성적이 되는 시간들.
흔치 않은 소중한 시간들이다.

마침내 쿠폴라의 정상에 오르는 순간 iPod에선 미리 준비해 간
'A Whole Nine Yards'가 흘러나오고,
눈앞엔 눈부신 피렌체의 정경이 펼쳐졌다.

음악과 설정이 없었어도
충분히 아름다운 풍경이고 순간이었겠지만,
내가 10년간 그려오던
낭만의 장소를 밟는 순간을 더 정성껏 준비하고 싶었다.
그리고 나의 이런 의식은
피렌체를 훨씬 더 기억에 남는 장소로 만들어 주었다.

음악에는 커다란 힘이 있다.
단 한 곡으로 나를 영화의 주인공으로 만들어 주지 않는가!
인생 대부분의 순간이 노래 한 곡으로 기억되듯이.

우연 이상의 선물

이탈리아에서는 어느 골목을 지나더라도
달콤한 젤라또를 만날 수 있었지만,
모두 다 같은 젤라또는 아니라는 걸 베네치아에서 알아차렸다.

Piazza San Marco
산 마르코 광장에서 먹었던 비싸고 맛없던 젤라또는
두 번 다시 먹고 싶지 않았기 때문에 피렌체에서는 직접 지도를 들고
찾아가기까지 했다. 피렌체에 도착하기 전 미리 알아 둔 곳은
두오모 근처에 있던 Perche' No?라는 곳이었다.

지도 한 장을 들고 생면부지의 곳을 찾아가는 일은
성공했을 때는 기쁨을 주지만,
헤매게 된다면 그 당혹감은 이루 말할 수가 없다.
살짝 피곤한 탓이었을까?
같은 곳을 여러 번 돌다보니 피로가 몰려왔다.
단 하루 머무는 피렌체에서
이렇게 시간을 허비하고 싶지 않다는 생각을 하니,
더 이상 찾을 이유가 없어졌다.

과감히 지도를 주머니에 넣었다.
그리고는 발길 가는 대로 걷기 시작했다.
거리의 모습, 활기에 찬 사람들의 모습을 보며 걷다 보니
어느 골목에 당도했다.
대충 보기에도 어림잡아 30명 이상의 사람들이
한 가게 앞에 쪼르륵 앉아서 저마다 하나씩 무언가를 먹고 있었다.

이런 우연이라니!
조금 전까지 찾아 헤매던 '젤라또'였다.

내가 찾던 집은 아니었지만,
그래도 이만큼의 사람들이 있는 곳이라면?
기대감이 몰려왔다.
후에 한국에 와서 알게 된 사실인데,
이 가게는 1930년에 문을 연, 피렌체에서
가장 오랜 역사를 자랑하는 비볼리라는 가게였다.

계획한 대로 살아가는 것도 나쁘진 않지만,
조금은 유연하게, 그리고 흐르는 대로 사는 것도 재미있다.
피렌체에서의 우연은 계획하지 않았던 기쁨을 주었고,
덤으로 느낄 수 있었던 달콤했던 젤라또는 우연 이상의 선물이었다.

이게 여행이고 인생이 아닐까.

오후의 자전거 2

영화 속 준세이가 낡은 자전거를 타고 골목골목 누비던 모습이
피렌체의 첫 인상이었다.

유난히 많은 자전거가 보이던 피렌체의 골목들.
막상 이곳에 와서 보니 내가 막연히 떠올리던 모습과
크게 다르지 않아 익숙하고도 반가웠다.
뜯겨진 포스터 자국과 그래피티가 공존하던 벽.
사선으로 배치된 보도 블럭.
낡으면 낡은 대로, 벗겨지면 벗겨진 대로
인위적인 리모델링 따위가 없어도,
고유의 색과 느낌을 고스란히 가지고 있는 색색의 건물들.

이런 멋진 골목에 세워져 있던 한 대의 자전거는
그냥 탈 것 이상의 의미로 다가왔다.

누군지 모르지만 날 기다리고 있을 것만 같은
너에게로 달려가는 내가 떠올랐다.
생각만으로도 두근거리는 마음.

난 이미 페달을 밟고 있었다.

　　숨이 차오르도록 페달을 밟고 너에게로 달려가고 있어
　　모퉁이를 지나, 언덕을 향해 달려가 날 기다릴 너에게로 가는 길
　　빠르게 돌아가는 체인처럼 점점 더 두근거리는 내 심장소리 들리니?
　　이젠 너를 향해 외칠게

　　사랑한다고

앞집의 고양이

새로운 여행지에서의 아침은
늘 새로움을 주곤 해.
그 새로움은
어떤 때는 '설렘'일 때도 있지만
'낯섦'일 때도 있어.

조금은 낯설게 다가왔던
피렌체에서의 아침.

아침마다 창문을 열면
제일 먼저 나와 눈을 마주치던
네가 가끔 생각이 나.

혼자였던 내게
꼭 아침인사를 해주는 것만 같았거든.

사실 여기 오기 전에는
널 그다지 좋아하지는 않았어.
넌 늘 주위를 경계하는 듯한 느낌이었거든.

그런데 정작 그게 내 모습이었다는 걸
이제야 알게 되었어.

넌 아무 말 없이 날 바라보기만 했지만
그걸로 충분했어.

정말이지 그걸로 충분했어.

don't

여행은 꿈만 같아서 더 행복한 걸까?
마치 꿈에서 깨기 싫은 것처럼.
그래서 더 머물고 싶은 건지도 모르겠어.

화려하진 않지만, 은은하게

남들과 다르고 싶었다,
무리 속에서 돋보이는 사람이고 싶었다.
튀기 위해서 노력했고,
그런 나를 보며 스스로 우쭐대기도 했다.

이제야 나를 돌아볼 수 있는 시간을 갖고 보니,
참 치열하게 살았구나…라는 생각.

튀기 위해 노력하지 않아도,
자신만의 색을 가지려면
시간이 필요하겠지.
조급하게 생각하지 않고,
묵묵히 내게 주어진 시간들을
하루하루 살아간다면….

화려하진 않았지만, 나의 시선을 빼앗아버린
피렌체의 어느 골목 담벼락처럼
은은하게, 나만의 색을 가진 사람이고 싶다.

084 Firenze
피렌체의 보랏빛 하늘

노을 지는 아름다운 하늘을 바라본 지도,
길가에 핀 들꽃을 볼 틈도 없이
쳇바퀴 굴러가듯 기계처럼 살아가는 삶이
너무 지겨웠다.

그래서 떠난 여행.
피렌체의 거리를 걷고 있는
내 모습이 현실이라 믿겨지지 않았다.
불과 몇 주 전만해도 상상할 수 없던 모습이었다.
영화에서 보던 그 베키오 다리를,
아르노강가를 걷고 있자니
마치 영화 속 주인공이 된 것만 같았다.

베키오 다리를 지날 때 즈음, 해가 뉘엿뉘엿 저물고 있었다.
뜨리니따 다리를 사이에 두고
하늘에 풀어진 물감과 반영되던 아르노강의 광경은
정말 어디서도 본 적 없는 한 폭의 명화였다.

피렌체에서는 하루뿐이었던 일정.
비가 오거나 날씨가 흐렸다면
이렇게 아름다운 피렌체의 보랏빛 하늘을 볼 수 없었겠지?

걷다가 문득

verse 1

걸었어. 그냥 걷다보면
널 만날 것만 같아서
저기 골목 모퉁일 지나 날 기다리는
네가 있을 것만 같아

chorus

네가 보고 싶어 여전히 이렇게
네가 보고 싶어 시간이 흘러도
점점 선명해지는 우리 함께한 날들
다시 올 순 없겠지

추억이라는 건 그리움이라는 건
지울 수 없나봐
오늘 같은 밤이면 네가 너무 그립다

verse 2

웃었어 너와 함께할 땐
늘 영원할 줄 알았어
이제 더는 내 옆에 없는 널 떠올리면
쓴 웃음만이 남아

chorus

네가 보고 싶어 여전히 이렇게
네가 보고 싶어 시간이 흘러도
점점 선명해지는 우리 함께한 날들
다시 올 순 없겠지
추억이라는 건 그리움이라는 건
지울 수 없나봐
오늘 같은 밤이면 네가 너무 그립다

capriccio **Pompeii, Positano, Sorrento**

카프리치오 : '변덕스러움'이라는 뜻의 이탈리아어로
19세기 많은 작곡가들에 의해 유쾌하고 변덕스러운 성격의 기악 소곡에 붙어진 명칭

여행을 하던 26일 동안 두 번의 비가 왔는데,
그 중의 하루가 바로 이탈리아 남부지방을 돌던 때였다.
아침 만해도 해가 쨍쨍 내리더니,
갑자기 변덕스럽게 비를 쏟아내던 하늘,
여행 내내 잘 가지고 다니던 우비는
이럴 땐 꼭 내 손에 없더라.

Quality of Life

에스프레소 한 잔이 주는 편안함이
이렇게나 큰 줄
예전엔 미처 몰랐다.
이 작은 에스프레소 한 잔이 가져다 준 건
비단 '여유' 뿐만은 아니리라.

은은하게 풍기는 향,
한입에 털어 넣으면 이내 입 안 가득 퍼지는
싫지 않은 쌉싸름함이
예민해져 있던 나를 풀어주었다.

이 작은 에스프레소 한 잔은
이전의 내 삶에서는 찾아볼 수 없었던
' , '의 의미를 선물해주었다.
잠깐이나마 빡빡하고 치열했던 삶과
분리되는 순간이었다.

행복은 거창하지 않다.
이렇게 작은 에스프레소 한 잔만으로도
충분하다.

가족

나에게 가장 소중한 것은 무엇일까?
어렸을 땐 '피아노',
좀 자라고 나서는 '사랑'이
가장 소중한 줄 알았다.

나이를 한두 살씩 더 먹고 보니
이제는 '가족'이 가장 소중한 단어가 되었다.

le vésuve
베수비오 화산은 뭐가 그리 노여워서
폼페이란 도시를 모두 없애버린 걸까.
순식간에 모든 것을 잃어버린 도시 폼페이.

아기를 품은 채 죽어가던 엄마,
빵을 굽다 그대로 굳어버린 여자.
시간이 멈춰버린 도시 폼페이….

쉽게 얘기하지만 어려운 일

남들처럼
직장에 다니고
결혼을 하고
아이를 낳고
살아가는 것.

평범해 보이는 일들.

다들 그렇게 살지만,
별탈없이
무던하게
평범하게 살아가는 건
결코 쉬운 일이 아니다.

'평범하게.'

쉽게 얘기하는 이 말처럼
살기가 어렵다고 느끼는 건
나쁜일까?

길

여행을 하다가 내가 목적지로 잘 가고 있는지
궁금할 때면 지도를 들고 사람들에게 묻는다.

　이 길이 아니에요. 반대로 돌아가야 해요.

그 길을 잘 아는 이들은 만일 잘못된 길에 들어섰다면
바른 길을 알려준다.
가끔씩 인생도 이러면 좋겠다는 생각이 든다.

지금 내가 잘 살고 있는 건지, 맞는 길을 걸어가고 있는 건지,

우리의 삶에 정답이 없다지만
때로는 짙은 의심에 불안해질 때가
한두 번이 아니지 않는가.

　지금 제가 맞는 길을 가고 있는 건가요?
　어떤 길로 가야할지 정말 모르겠어요….

라고 물어 볼 수 있는 대상이 있다면
당신은 행복한 사람이다.

　잘 하고 있어요. 지금처럼 열심히 하세요.

라고 격려해주거나,

　당장 이 길에서 돌이켜서 왔던 길을 살펴보세요!

라는 조언을 해 줄 사람이 있다면,
당신 역시 행복한 사람.

나는…
나는 행복한 사람이다.

언덕위의 집

굽이굽이 이어진 해안도로를 따라 한참을 달렸다.
절벽에 딱 붙어서 떨어질 것만 같은 커브를 여러 번 지나자
어느덧 눈앞에 그림 같은 풍경이 펼쳐졌다.

때로는 보고 있어도 실감이 나지 않을 때가 있다.
그럴 땐 잠시 눈을 감아본다.
두 뺨에 닿는 시원한 바람,
그리고 귓가에 부딪히는 청량한 파도 소리.

어느 누구라도 사랑에 빠질 수밖에 없는 포지타노.^{Positano}

이 마을은 언제부터 시작되었을까?
누가 이런 언덕에 집을 짓고 살 생각을 했던 걸까?
오늘의 이 행복한 기분을
그대로 당신에게 전해주고 싶어.

뜨거운 햇살 가득한 오늘은
모든 게 선명해진 기분이야
큰소리로 부르면 달려올 것만 같은
파란 하늘의 눈부심이 좋아
두근거리는 한낮의 설렘
뜨겁게 벅차오르는 가슴을
모두 안고 달려가 저 커브를 지나면
귓가에 익은 파도소리 들릴 것만 같아
환하게 빛나는 저 태양을 향해
거리 한가득 시원한 바람 가르며
언제까지나 쉼 없이 달려갈 거야
기다리고 있어줘 이 길의 끝에서

_Peppertones 해안도로

인간은 모두 아름답고, 다르게 태어난다

주어진 것에 감사할 줄 아는 마음.
다름을 인정하고
있는 그대로를 받아들이는 것.

이것이야말로
행복에 이르는 '첫째 조건' 아닐까.

내 것에 만족하지 못하고,
다른 것을 보기 시작하면
내게 있던 행복들도
다른 곳으로 멀리 사라지는 법.

먼 훗날,
세월이 흘러 살아온 인생을 추억할 때
행복한 삶을 살았노라고 얘기할 수 있다면
그것처럼 아름다운 게 또 있을까?

인간은 모두 아름답고, 다르게 태어난다.
_ Jorge A Livraga

cantata Rome

칸타타 : 이탈리아어의 cantare(노래하다)에서 파생한 말로,
17세기 초엽에서 18세기 중엽까지의 바로크 시대에 가장 성행했던 성악곡의 형식

여행의 끝자락,
한껏 자유롭고 여유로워진 마음은
자연스레, 노래가 나오게 해

베네치아 광장에 누워

자유롭고 싶었다. 나 스스로에게 얽매이지 않고 싶었다.
하지만 여행을 와서도 많이 다니지 않고,
많이 보지 못하면 안 된다는 '강박관념'이
나를 지배하고 있다는 사실을 알게 된 건,
여행을 시작하고 한참이나 지나서였다.

바쁘게 달릴 줄만 알았지,
정작 쉼이 주어져도 쉴 줄 모르게 길들여졌던 건 아닐까?
종일 사람들 속을 걷다가 우연히 도착하게 된
베네치아 광장 푸른색의 잔디를 보자마자
나도 모르게 길을 건넜다.
그리고 주저치 않고 그대로 누워버렸다.

푹신한 감촉, 풀내음, 그리고 파란 하늘.
귀에 울려 퍼지던 Depapepe의 Marine Drive까지
모든 게 완벽했다.

김진표의 Fly 라는 곡에 이런 가사가 있다.

> 뭐가 그리 바쁘시죠?
> 누가 쫓아오나요?
>
> .
>
> .
>
> 그렇게도 세상은 바쁜 건가?
> 이상은 없는 건가?
> 모두 너무 너무 바쁘게 사는 것 같네요
> 너도 나도 모두 나쁘게 사는 것 아니겠죠
>
> .
>
> .
>
> 무슨 일이 그렇게 많으시길래
> 죽네 사네 하시며 살아가시는 거죠?
> 저도 크면 그렇게 살아가야 하나요?
> 웃음 잃어버린 채 그렇게 살아야만 하나요?

난 무엇을 위해 그렇게 바쁘게 살았던 걸까?

2009년 9월 28일 로마, 베네치아 광장,
구름 한 점 없던 하늘, 내 손에 있던 오렌지의 고운 빛깔,
귀에 들리던 기타 소리, 등에서 느껴지던 푹신한 감촉까지…,
모두 나의 완벽한 '쉼'을 위해 준비되었던 것들.

지금도 눈을 감으면 그때의 충만한 행복이 느껴진다.
너무 바쁘게 달리지 말자.
잠깐이라도 나를 위해 쉼을 갖자.
제발 그렇게 살자.

아날로그 감성

자전거를 가지고 왔더라면
좋았겠다라는 생각이 들었다.

도시마다,
골목마다 보이던 자전거는
편리한 교통수단이기도 했지만,
그 자체가 완벽한 피사체였다.

별다른 이야기 없이도
세월의 흐름이 느껴지던
로마의 골목.

이 scene에서 자전거는
이 공간에서 너무나도 중요했던 motive.

자전거는 역시나 아날로그한 감성이 있다.
조금 느려도, 조금 불편해도
잃고 싶지 않은 것,
아날로그 감성.

family

palatino
팔라티노 언덕에 있던 거대한 나무를 보다 보니
이 노래가 생각났다.

> We're a family Like a giant tree Branching out toward the sky
> We're a family We're so much more than just you and I
>
> 우린 한 가족이야 거대한 나무 같은 하늘로 향해 뻗어나가는
> 우린 한 가족이야 너와나 따로 보다 우리가 더 중요하잖아
>
> We're a family Like a giant tree Growing stronger growing wiser
> We're growing free We need you We're a family
>
> 우린 한 가족이야 거대한 나무 같은 더 강하게 자라고 더 현명하게 크는
> 우린 자유롭게 자라는 거야 우린 네가 필요해 우린 한 가족이잖아
>
> _Dreamgirls OST 중 Family

가족은 때로 가장 가깝다는 이유로 상처를 주고,
또 당연하다는 듯이 이해해주기를 바란다.
가족이라는 이유로 희생을 당연하게 여긴 적은 없었는지….

그럼에도 세상에서 가장 필요하고 따뜻한 이름은 바로 '가족'이다.

하늘을 향해 뻗어나가는 저 거대한 나무도
뿌리가 없으면 흔들리듯이

우리의 삶도 '가족'이라는 튼튼한 뿌리가
지탱해 주는 게 아닐까.

노란 대문

지은 지 얼마나 되었을까.
속이 다 들여다보이던
vintage한 건물.

그 안에서 나온
선글라스를 낀 채
smart-phone을 사용하던
smart한 여인.

시간이 멈춰버린 도시에서
오늘을 살아가는 사람들.

내가 느꼈던 로마를
함축적으로 보여 주는
이 한 장면.

다르다는 건 틀린 게 아니야

우리는 자주 다르다는 걸 인정하지 않는다.
나와 다른 것이 틀린 것이라 생각하는 건
얼마나 자기중심적이고 위험한 일인가.

서로 다름을 인정하지 않는 데서 갈등이 일어난다.

모두 다 그 나름의 목적과
존재이유가 있다는 것을
인정하고 이해하는 순간
세상은 조금 더 아름다워질 수 있다.

눈으로 바라보자

로마의 휴일 오드리 헵번을 그리며 갔던 스페인 계단에서는 발을 헛딛으며
계단에 카메라를 떨어뜨리는 작은 사고가 있었다. 작동하지 않는 망가진
카메라를 보며 잠시 멍해졌지만, 서브로 가져갔던 컴팩트 카메라가
있다는 사실에 이내 감사했다. 원치 않게 가벼워진 카메라 무게만큼이나
가벼워진 걸음으로 다니다보니 재미난 모습들이 보이기 시작했다. 사람과
조각상과의 위트 있는 묘한 대비는 불과 몇 시간 전에 있었던 카메라의
고장을 잊어버리게 할 만큼 유쾌함을 주었다.

멋진 사진은 '좋은 카메라'가 찍어 주는 게 아니라 사물을 바라보는 '좋은
눈'이 만들어 준다는 평범한 진리가 새삼 느껴지는 순간이었다.

street artist 2

비가 오면 뻔히 지워질 걸 알면서도
아까워하지 않고 그림을 그리던 거리의 화가.

지워질까, 사라질까 아등바등하지 않고
자유롭게 색을 칠하던 그의 모습은
답답함이 없어보였다.

이것이 예술.

제약 없이 표현하고 싶은 대로,
자기 것을 보여 주는 게
진정한 예술이 아닐까.

손에 쥐려 하지 말자.
조금 더 유연하게 사고하자.

행복

사랑하는 사람과 손잡고 산책할 때
입 안 가득 시원한 젤라또를 머금었을 때
주말에 볼 영화를 예매했을 때
집에 가는 버스에서 좋아하는 음악이 흘러나올 때
맘에 드는 나만의 까페를 발견했을 때

그리고
네가 웃을 때…,

난 그럴 때 행복해져!

집으로 돌아오는 길

돌아 갈 곳이 있어 여행의 순간들이 더 반짝 반짝 빛이 나는 게 아닐까.

coda 여행을 마치며

코다 : 악곡을 끝내기 위해 특별히 추가된 마침 부분

여행의 끝,
이제는 나도 다시 제자리로 돌아가야 할 때다.
26일간의 기억들은 내 삶의 자양분으로 남아
곳곳에서 아름답게 빛날 거야.

깨달음? 그런 건 없어

오래된 친구가 물었다.

그래서 네가 여행을 갔다 와서 깨달은 게 뭐냐?

깨달은 거? 그런 건 없어.

정말이지 그랬다.
다녀오고 나서 무언가 인생의 해답을 얻는다거나,
어떤 깨달음이 생겼다는 사람들도 많이 봤지만,
나에게는 그런 거창한 것이 없다.
나에게 이번 여행은, 쉼표 그 자체였다.
한 번도 온전히 쉬지 못했던 내 삶에게 주는 쉼.

여행을 다녀온 지 벌써 3년이 훌쩍 넘은 지금,
여행 전보다 더 빡빡한 스케줄로 숨이 막힐 때면
이따금씩 그때의 기억들을 하나 둘씩 끄집어내곤 한다.

너무나 아늑했던 잔디의 감촉과
어느 누구도 날 귀찮게 하지 않던 자유로움.

생각만으로도 큰 위안을 주는 그날의 기억들…,
깨달음이란 거창한 이름으로는 설명하기 힘들지만
그곳에서만 느낄 수 있었던 나의 비밀스러운 이야기들은
나만의 것으로.

297

진정한 여행

가장 훌륭한 시는 아직 쓰이지 않았다.
가장 아름다운 노래는 아직 불리지 않았다.
최고의 날들은 아직 살지 않은 날들.

가장 넓은 바다는 아직 항해되지 않았고
가장 먼 여행은 아직 끝나지 않았다.

불멸의 춤은 아직 추어지지 않았으며
가장 빛나는 별은 아직 발견되지 않은 별.

무엇을 해야 할지 더 이상 알 수 없을 때
그때 비로소 진정한 무언가를 할 수 있다.

어느 길로 가야 할지 더 이상 알 수 없을 때
그때가 비로소 진정한 여행의 시작이다.

_〈진정한 여행〉, Nazim Hikmet

299

thanks to

여행을 다녀오고 많은 시간이 흘렀다.
그간 나는 결혼을 했고,
사랑하는 딸을 얻었으며
직장도 옮겼다.
이제는 더 이상 느껴 보려 해도 느낄 수 없는
그때의 감정들.
원고를 다시 읽다 보면 그때의 감정들이 새록새록 돋아나기도 한다.

나의 작은 이야기들이 이렇게 한 권의 책으로 만들어지는 과정은
힘들기도 했지만, 그 시간들이 나에겐 깊은 감성의 늪에 빠져들게 하는
소중한 시간들이었다.

바쁜 삶에 지칠 때 숨 한 번 고를 수 있는 여유.
우리는 누구나 그것을 갈망하지만, 섣불리 실천하지 못하고 살아간다.
4년 전 나에게 이러한 쉼표가 없었다면 지금의 나도 존재하지 않았겠지.

나의 작은 이야기들이 한권의 책으로 만들어지기까지
도움을 주신 많은 분들께 감사드리고 싶다.

나무자전거의 유정식 사장님.
책을 낼 수 있게 도와 준 선배작가 arumico 기연 누나.
감각적인 디자이너 이주연 님.
부족한 원고를 교정해 준 사랑하는 아내 미정과
사랑하는 딸 선율에게.

박형준, 아름다운 추억은 죽지 않는다
Les beaux souvenirs ne meurent jamais

사진에 미처 담지 못한 이야기들은 음악으로 풀어 놓았다.
낯선 여행지는 주저하던 내 속내를 더 쉽게 꺼내주었다.

1. Prologue - 여행 전의 설렘
2. 행복한 이방인 in London
3. 사라진 시간 속의 우리 in Lille
4. Nocturne in Luzern
5. 세느 강에 띄운 편지 in Paris
6. 낯선 여유 in Spiez
7. 같이 걸을래요? in Nantes
8. Romantic Red in Praha
9. 걷다가 문득 in Firenze
10. Epilogue - Not Yet …

All Songs written, composed, arranged & produced by 박형준

상기 음원은 멜론, 벅스 등 9개 음원 사이트나 온·오프라인 shop(yes24,
알라딘, 대형서점 음반 매장)을 통해서 구입하실 수 있습니다.